U0908054

中国纺织出版社有限公司
国家一级出版社
全国百佳图书出版单位

## 内 容 提 要

《幽梦影》是清代文学家张潮所著的随笔体格言小品文集，共219则。全书抒发了作者对人生的感悟和自然的静赏，内容涉及诸如修身养性、为人处世、风花雪月、山水园林、读书论文、世态人情等多方面。作者以格言体形式将自己独特的人生见解挥洒自如地抒写出来，使人思而得之，读来回味无穷。书中还包括570余则清初众多大学者和艺术家的赞赏和评点，从中可以一窥当时世人的精神风貌和心态，体会古时文人对生活的感受和体验，对品味现代生活具有一定的借鉴意义。

### 图书在版编目（CIP）数据

幽梦影全鉴：珍藏版 /（清）张潮著；东篱子解译. --北京：中国纺织出版社有限公司，2019.8
ISBN 978-7-5180-6402-1

Ⅰ.①幽… Ⅱ.①张… ②东… Ⅲ.①人生哲学-中国-清代②《幽梦影》-注释③《幽梦影》-译文 Ⅳ.①B825

中国版本图书馆 CIP 数据核字（2019）第150601号

策划编辑：段子君　　责任校对：高　涵　　责任印制：储志伟

中国纺织出版社有限公司出版发行
地址：北京市朝阳区百子湾东里 A407 号楼　邮政编码：100124
销售电话：010—67004422　传真：010—87155801
http://www.c-textilep.com
E-mail：faxing@c-textilep.com
中国纺织出版社天猫旗舰店
官方微博 http://weibo.com/2119887771
北京华联印刷有限公司印刷　各地新华书店经销
2019年8月第1版第1次印刷
开本：710×1000　1/16　印张：20
字数：220千字　定价：68.00元

# 前言

近代大学者王国维说过："凡一代有一代之文学。"纵观文学史，楚有骚、汉有赋、六代有骈语、唐有诗、宋有词、元有曲，至明清之际，则有小说和小品文。小品文就如同春日的鲜花，在明清之际焕发出奇光异彩，沁人心脾。

明清时期涌现出了一大批优秀的清言小品文，比较出名的有屠隆的《娑罗馆清言》、陈继儒的《小窗幽记》、洪应明的《菜根谭》、陆绍珩的《醉古堂剑扫》和吕坤的《呻吟语》等。这类作品一般采用简洁的格言、警句、语录形式，多以论断为主，内容丰富，既有立身处世的格言，个人对事物的品评、对生活情趣的描述，也有对生命与自然的思考，在经传、史记、诗文等文体外别立一体。张潮所著的《幽梦影》是其中有代表性的作品之一。

张潮，字山来，号心斋，又号三在道人，安徽歙县人，生于清顺治七年（1650）。其父张习孔曾官至刑部郎中、按察使司佥事充任山东提学，著有《诒清堂集》《云谷卧余》等，并与当时著名文学家周亮工交好。张潮自幼在父亲的影响下，刻苦读书，但因在文学上主张创新，对八股文和科举制度不满，始终科场不利，只担任过翰林孔目这样从九品的小官。张潮一生好游历，喜交友。他到过很多地方，其中与江苏如皋、扬州因缘尤深。他交游甚广，与当时许多著名学者、文人多有往来，如名士孔尚任、冒辟疆、陈维崧、梅文鼎、戴名世等。康熙三十八年（1699），五十岁的张潮因恶人诬陷，被一件政治案件牵连，一度入狱，从此"穷愁著书"以度岁月。

张潮学识广博，多才多艺，儒、道、佛、诗词文章、琴棋书画、花鸟虫鱼等无所不通。他一生著述颇丰，主要作品有《心斋诗钞》《心斋聊复集》

《酒律》《花影词》《补花底拾遗》《幽梦影》等。其文言短篇小说集《虞初新志》被认为对《聊斋志异》的创作有启动之功，在当时社会上影响较大。同时，张潮还以刊刻丛书而闻名，主持编辑刊印的有《昭代丛书》《檀几丛书》等。

《幽梦影》即收录于《昭代丛书》别集中。《幽梦影》的成书，据推测大致是在张潮三十岁到四十五岁之间断续完成的。它是一部笔记随感小品集，收录作者格言、箴言、哲言、韵语、警句等 219 则。张潮取幽人梦境、似幻如影之意，尽情地抒发了对人生、自然的体验和感受，蕴涵着破人梦境、发人警醒的用心，因此名为《幽梦影》。

《幽梦影》中反映的主要是高人逸士的生活和思想状态，充满了美感和情趣。书中所涉内容颇为丰富，有对文人骚客读书交友、谈禅论道的体味，也有对山光水色、花鸟虫鱼、风云雨露、俊林秀木的赞美；有对官场科第、人情世故的讥讽，也有对儒、释、道的领悟和勘破。看似信笔拈来，却是句句锦绣、字字珠玑，反映出了作者对人生深刻的感悟，包含着丰富的哲理，闪烁着智慧的火花，使人读来心旷神怡，陶醉飘逸。在语言艺术方面，作者敢于联想、想象，将自然界中的生物赋予灵性表现在作品中，同时还运用比喻、对句、排比等多种手法，使语言集节奏美、匀称美、声韵美于一体，在审美角度上更胜一筹。

除此之外，《幽梦影》还以清丽明快的文笔、精辟独到的议论、蕴涵丰富的思想独树一帜。“所发者皆未发之论，所言者皆难言之情”，《幽梦影》一反模拟效仿的陈词滥调、庸俗遗风，以清新隽永的格调流芳于世，在当时的文人墨客中引起了强烈的反响和共鸣。著名文学家余怀为其作序，顾天石、张竹坡等百余位文人为其写了 570 余则点评。这些点评全是率性而发，毫无矫揉造作之感，语言或诙谐幽默，或妙语连珠，或警醒脱俗，发人深思，同样具有一定的创作价值。而这种在原文中夹杂评语的方式，开创了新的评点模式，在当时一经推出就受到了推崇和效仿。杨复吉在为《幽梦影》写的跋中称赞这种模式说：“令读者如入真长座中，与诸客周旋，聆其謦欬，不禁色舞眉飞，洵翰墨中奇观也。”

《幽梦影》的传世版本有一卷本和二卷本之分。一卷本为《昭代丛书》

《晨风阁丛书》《国学珍本文库》本等所收录，并有清刊本二卷。本书以通行的道光年间世楷堂刊《昭代丛书》本为底本，并参考了近年来的多种整理本编辑而成。为方便翻检，本书根据原文分则排序添加了序号，体例上按原文、原评、注释、译文、原评译文的顺序排列，对于原文及评语中的典故、人物、史实、生僻字词等加以注释，并结合文意做了进一步的解读，力求详尽、准确、完备，以帮助读者更好地理解原文旨意，将这本《幽梦影全鉴》打造成一部精品读物。

《幽梦影全鉴》平装本自出版以来，广受读者欢迎和喜爱。为满足大家的收藏、馈赠需要，现特以精装形式推出，敬请品鉴。

解译者

2019 年 4 月

# 目录

◎ 序一 / 1
◎ 序二 / 5
◎ 序三 / 6
◎ 第一则 / 10
◎ 第二则 / 12
◎ 第三则 / 13
◎ 第四则 / 16
◎ 第五则 / 22
◎ 第六则 / 24
◎ 第七则 / 25
◎ 第八则 / 28
◎ 第九则 / 30
◎ 第一〇则 / 32
◎ 第一一则 / 33
◎ 第一二则 / 35
◎ 第一三则 / 36
◎ 第一四则 / 37
◎ 第一五则 / 38
◎ 第一六则 / 40
◎ 第一七则 / 41
◎ 第一八则 / 42
◎ 第一九则 / 45
◎ 第二〇则 / 46
◎ 第二一则 / 47
◎ 第二二则 / 49
◎ 第二三则 / 51
◎ 第二四则 / 52
◎ 第二五则 / 53
◎ 第二六则 / 55
◎ 第二七则 / 56
◎ 第二八则 / 58
◎ 第二九则 / 59
◎ 第三〇则 / 61
◎ 第三一则 / 63
◎ 第三二则 / 64
◎ 第三三则 / 65
◎ 第三四则 / 66
◎ 第三五则 / 67

◎ 第三六则 / 69
◎ 第三七则 / 70
◎ 第三八则 / 72
◎ 第三九则 / 73
◎ 第四〇则 / 73
◎ 第四一则 / 75
◎ 第四二则 / 77
◎ 第四三则 / 78
◎ 第四四则 / 78
◎ 第四五则 / 80
◎ 第四六则 / 81
◎ 第四七则 / 82
◎ 第四八则 / 83
◎ 第四九则 / 84
◎ 第五〇则 / 86
◎ 第五一则 / 87
◎ 第五二则 / 88
◎ 第五三则 / 90
◎ 第五四则 / 90
◎ 第五五则 / 93
◎ 第五六则 / 94
◎ 第五七则 / 96
◎ 第五八则 / 97
◎ 第五九则 / 98
◎ 第六〇则 / 100
◎ 第六一则 / 101
◎ 第六二则 / 102
◎ 第六三则 / 103
◎ 第六四则 / 104
◎ 第六五则 / 106
◎ 第六六则 / 107
◎ 第六七则 / 108
◎ 第六八则 / 109
◎ 第六九则 / 110
◎ 第七〇则 / 111
◎ 第七一则 / 112
◎ 第七二则 / 114
◎ 第七三则 / 115
◎ 第七四则 / 116
◎ 第七五则 / 118
◎ 第七六则 / 119
◎ 第七七则 / 122
◎ 第七八则 / 123

◎ 第七九则 / 125
◎ 第八〇则 / 126
◎ 第八一则 / 128
◎ 第八二则 / 129
◎ 第八三则 / 130
◎ 第八四则 / 131
◎ 第八五则 / 132
◎ 第八六则 / 133
◎ 第八七则 / 134
◎ 第八八则 / 135
◎ 第八九则 / 136
◎ 第九〇则 / 137
◎ 第九一则 / 138
◎ 第九二则 / 139
◎ 第九三则 / 141
◎ 第九四则 / 142
◎ 第九五则 / 142
◎ 第九六则 / 144
◎ 第九七则 / 145
◎ 第九八则 / 146
◎ 第九九则 / 150
◎ 第一〇〇则 / 151
◎ 第一〇一则 / 152
◎ 第一〇二则 / 153
◎ 第一〇三则 / 155
◎ 第一〇四则 / 156

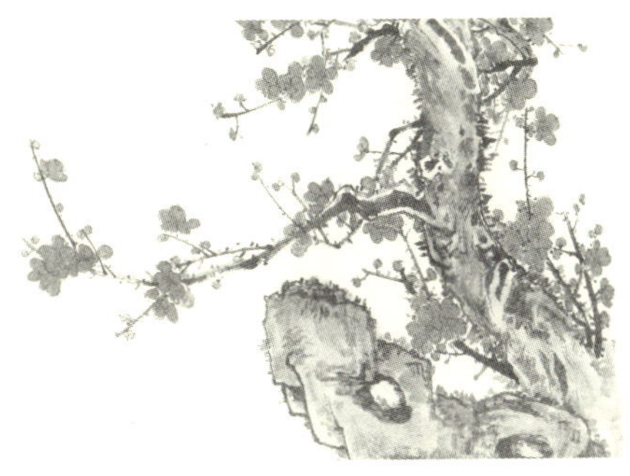

◎ 第一〇五则 / 157
◎ 第一〇六则 / 158
◎ 第一〇七则 / 160
◎ 第一〇八则 / 161
◎ 第一〇九则 / 164
◎ 第一一〇则 / 166
◎ 第一一一则 / 167
◎ 第一一二则 / 168
◎ 第一一三则 / 169
◎ 第一一四则 / 170
◎ 第一一五则 / 172
◎ 第一一六则 / 173
◎ 第一一七则 / 174
◎ 第一一八则 / 175
◎ 第一一九则 / 176
◎ 第一二〇则 / 178
◎ 第一二一则 / 180
◎ 第一二二则 / 181
◎ 第一二三则 / 182
◎ 第一二四则 / 183

◎ 第一二五则 / 184
◎ 第一二六则 / 185
◎ 第一二七则 / 185
◎ 第一二八则 / 188
◎ 第一二九则 / 190
◎ 第一三〇则 / 191
◎ 第一三一则 / 192
◎ 第一三二则 / 194
◎ 第一三三则 / 194
◎ 第一三四则 / 195
◎ 第一三五则 / 197
◎ 第一三六则 / 198
◎ 第一三七则 / 199
◎ 第一三八则 / 201
◎ 第一三九则 / 202
◎ 第一四〇则 / 203
◎ 第一四一则 / 205
◎ 第一四二则 / 208
◎ 第一四三则 / 209
◎ 第一四四则 / 210
◎ 第一四五则 / 212
◎ 第一四六则 / 213
◎ 第一四七则 / 214
◎ 第一四八则 / 215
◎ 第一四九则 / 217
◎ 第一五〇则 / 218
◎ 第一五一则 / 219
◎ 第一五二则 / 220
◎ 第一五三则 / 222
◎ 第一五四则 / 223
◎ 第一五五则 / 224
◎ 第一五六则 / 225
◎ 第一五七则 / 228
◎ 第一五八则 / 228
◎ 第一五九则 / 230
◎ 第一六〇则 / 231
◎ 第一六一则 / 232
◎ 第一六二则 / 234
◎ 第一六三则 / 234
◎ 第一六四则 / 236
◎ 第一六五则 / 237
◎ 第一六六则 / 238
◎ 第一六七则 / 239
◎ 第一六八则 / 241
◎ 第一六九则 / 242
◎ 第一七〇则 / 243

◎ 第一七一则 / 245
◎ 第一七二则 / 246
◎ 第一七三则 / 247
◎ 第一七四则 / 248
◎ 第一七五则 / 249
◎ 第一七六则 / 250
◎ 第一七七则 / 251
◎ 第一七八则 / 252
◎ 第一七九则 / 253
◎ 第一八〇则 / 255
◎ 第一八一则 / 256
◎ 第一八二则 / 257
◎ 第一八三则 / 259
◎ 第一八四则 / 260
◎ 第一八五则 / 261
◎ 第一八六则 / 262
◎ 第一八七则 / 264
◎ 第一八八则 / 264
◎ 第一八九则 / 265
◎ 第一九〇则 / 266
◎ 第一九一则 / 267
◎ 第一九二则 / 269
◎ 第一九三则 / 270
◎ 第一九四则 / 271
◎ 第一九五则 / 274
◎ 第一九六则 / 275

◎ 第一九七则 / 276
◎ 第一九八则 / 278
◎ 第一九九则 / 279
◎ 第二〇〇则 / 281
◎ 第二〇一则 / 282
◎ 第二〇二则 / 283
◎ 第二〇三则 / 285
◎ 第二〇四则 / 286
◎ 第二〇五则 / 286
◎ 第二〇六则 / 287
◎ 第二〇七则 / 288
◎ 第二〇八则 / 290
◎ 第二〇九则 / 291
◎ 第二一〇则 / 292
◎ 第二一一则 / 293
◎ 第二一二则 / 294
◎ 第二一三则 / 295
◎ 第二一四则 / 296
◎ 第二一五则 / 297
◎ 第二一六则 / 298

◎ 第二一七则 / 299
◎ 第二一八则 / 300
◎ 第二一九则 / 301
◎ 跋一 / 303
◎ 跋二 / 304
◎ 跋三 / 305
◎ 参考文献 / 307

# 序一

［清］余怀

余穷经读史之余，好览稗官小说[①]，自唐以来不下数百种。不但可以备考遗志[②]，亦可以增长意识[③]。如游名山大川者，必探断崖绝壑[④]；玩乔松古柏者，必采秀草幽花，使耳目一新，襟情怡宕[⑤]。此非头巾褦襶、章句腐儒之所知也[⑥]。故余于咏诗撰文之暇，笔录古轶事、今新闻，自少至老，杂著数十种。如《说史》《说诗》《党鉴》《盈鉴》《东山谈苑》《汗青余语》《砚林》《不妄语述》《茶史补》《四莲花斋杂录》《曼翁漫录》《禅林漫录》《读史浮白集》《古今书字辨讹》《秋雪丛谈》《金陵野钞》之类。虽未雕板问世[⑦]，而友人借抄，几遍东南诸郡，直可傲子云而睨君山矣[⑧]。

天都张仲子心斋[⑨]，家积缥缃[⑩]，胸罗星宿[⑪]，笔花缭绕[⑫]，墨沛淋漓[⑬]。其所著述，与余旗鼓相当，争奇斗富，如孙伯符与太史子义相遇于神亭[⑭]，又如石崇、王恺击碎珊瑚时也[⑮]。其《幽梦影》一书，尤多格言妙论，言人之所不能言，道人之所未经道。展味低徊，似餐帝浆沆瀣[⑯]，听钧天广乐[⑰]，不知此身之在下方尘世矣。至如“律己宜带秋气，处世宜带春气”“婢可以当奴，奴不可以当婢”“无损于世谓之善人，有害于世谓之恶人”“寻乐境乃学仙，避苦境乃学佛”，超超玄箸，绝胜支、许清谈[⑱]。人当镂心铭腑[⑲]，岂止佩韦书绅而已哉[⑳]！

鬘持老人余怀广霞制[㉑]

**【注释】**

①稗（bài）官小说：即野史小说，街谈巷议之言。

②备考：全面考察。遗志：指前人留下的标记或记录。

③意识：见识。

④断崖绝壑：陡峭的山崖和深谷，指人迹罕至的险境。

⑤襟情：指襟怀或情怀。怡宕：轻松洒脱。

⑥褦襶（nài dài）：指愚蠢无能，不懂事。

⑦雕板：指在木板上雕刻图文，作为印刷的底版。

⑧子云：即扬雄（公元前53—18年），字子云，西汉文学家、哲学家、语言学家，蜀郡成都（今属四川）人。汉成帝时为给事黄门郎。王莽称帝后，任太中大夫。早年以辞赋闻名。晚年研究哲学，曾撰《太玄》等，提出以“玄”作为宇宙万物根源之学说。君山：即桓谭（？—56年），字君山，东汉初期思想家。此二人皆以博学多识著称。

⑨天都张仲子心斋：即张潮，心斋是他的字，天都是安徽黄山的峰名，因张潮家乡在安徽省歙县，距黄山不远，此处用天都代指其家乡。

⑩缥缃（piǎo xiāng）：指书籍。缥，淡青色。缃：浅黄色。古时多以淡青、浅黄色丝帛作为书囊、书衣，故用以代指书籍。

⑪胸罗星宿：比喻胸中罗列着广博的知识、才能或远大的理想、抱负，具有高超的预见智能。

⑫笔花：比喻才思敏捷，文笔优美。

⑬墨渖（shěn）：墨汁。

⑭孙伯符与太史子义相遇于神亭：指孙策与太史慈在神亭相遇，两人奋勇搏斗，彼此不分高下的事。孙伯符，即孙策（175—200年），东汉吴郡富春人，字伯符，孙坚子，东汉末年割据江东。太史子义，即太史慈（166—206年），字子义，三国时东吴名将，东莱郡黄县人，善射，弦不虚发。东汉献帝兴平二年（195），太史慈到曲阿拜访扬州刺史刘繇，刘派他出城侦察，他在神亭与孙策遭遇，彼此较量一番。后归孙策，拜折冲中郎将，孙权委以南方之事。神亭，在今江苏金坛北。

⑮石崇（249—300年）：西晋渤海南皮人，字季伦，小名齐奴，曾任南中郎将、荆州刺史，以豪富奢侈著称。王恺：西晋东海郯人，字君夫，晋武帝司马炎的母舅，生活奢侈。石崇、王恺斗富，事见《晋书·石崇传》。晋武帝为帮助王恺在斗富中取胜，赐其一株两尺来高的珊瑚树。王恺在石崇面前

炫耀，石崇竟用铁如意将珊瑚树打碎。王恺为之变色，石崇却说：“你不用心疼，我还你就是了。”命人取出自己所藏的几十株珊瑚树，其中高三四尺的就有六七株，像王恺那样的就更多了。

⑯帝浆沆瀣（hàng xiè）：指仙人所饮用的露水，比喻其文章美妙超群。沆瀣：夜间的露水，古人认为是仙人所饮。

⑰钧天广乐：天上的音乐，比喻其文章超凡脱俗。

⑱支、许：指的是东晋时期的支道林和许询，两人均以善谈玄言著称，他们的言行在《世说新语》中多有记载。

⑲镂心铭腑：形容铭记在心，永志不忘。

⑳佩韦：语出《韩非子·观行》：“西门豹之性急，故佩韦以自缓；董安于之性缓，故佩弦以自急。”韦，熟牛皮，其质软韧，性急者佩其以警戒自己不可鲁莽。书绅：把重要的话写在绅带上，以示牢记他人的话。语出《论语·卫灵公》篇：“子张书诸绅。”绅，古代士大夫束腰的大

带子。

㉑余怀（1616—1696年）：福建莆田人，明末清初文学家，字淡心，又字无怀，号曼翁、广霞、鬘持老人等，居南京，晚年退隐吴门。著有《板桥杂记》，记载明末南京狭邪冶游之事，借以抒发今昔之感。此外还有《味外轩集》《研山堂集》《东山谈苑》等。

【译文】

我在遍读经史之余，喜欢阅读野史小说，自唐朝以来的小说，读了不下几百种。读小说不但可以全面考察前人留下的记录，也可以增长见识。这就像游览名山大川，必定要到断崖绝壑之地；赏玩乔松古柏，必定要采撷秀草幽花，这样能使人眼前耳目一新，襟怀愉悦开阔。这些不是愚蠢不通、只懂得寻章摘句的迂腐文人所能了解的。所以我在吟诗撰文之余，用笔记录了古今轶事、新闻，由年轻时到老年，写下几十种杂著，如《说史》《说诗》《党鉴》《盈鉴》《东山谈苑》《汗青余语》《砚林》《不妄语述》《茶史补》《四莲花斋杂录》《曼翁漫录》《禅林漫录》《读史浮白集》《古今书字辨讹》《秋雪丛谈》《金陵野钞》之类。虽然没有印刷问世，然而友人都互相借阅抄录，几乎遍于东南各郡，简直可以傲视扬雄与桓谭了。

黄山人张潮，家里富有藏书，胸中知识广博、富于才华，文笔优美，墨迹淋漓。他的著述和我的不相上下，彼此争奇斗富，就像孙策与太史慈在神亭相遇，又如同石崇击碎王恺的珊瑚树那般光景。他的《幽梦影》一书，有很多格言妙论，说出了别人不能说的道理，讲出了别人从来没有讲过的内容。仔细品味这本书，就像是在啜饮仙人的饮品，又像在听天上的音乐，令人忘了自身还处在尘世中。至于像“约束自己时应该带有秋天的严厉之气，对待别人时应该带有春天的宽厚之气”“婢女可以代替奴仆做粗活，奴仆不可以代替婢女干细活”“对世界没有损害的就叫做善人，对世界有损害的人就是恶人”“想要寻求乐土，就学道家神仙术；想要躲避生的苦闷，就学习佛法”，言辞高妙，胜过晋代支道林和许询的清谈很多。人们应当铭刻于内心，何止是牢记而已呢！

鬘持老人余怀广霞制

# 序二

［清］孙致弥

心斋著书满家，皆含经咀史[①]，自出机杼[②]，卓然可传。是编是其一脔片羽[③]，然三才之理、万物之情、古今人事之变[④]，皆在是矣。顾题之以“梦”且“影”云者，吾闻海外有国焉，夜长而昼短，以昼之所为为幻，以梦之所遇为真。又闻人有恶其影而欲逃之者。然则梦也者，乃其所以为觉；影也者，乃其所以为形也耶？庾辞谩语[⑤]，言无罪而闻足戒，是则心斋所为尽心焉者也。读是编也，其亦可以闻破梦之钟，而就阴以息影也夫！

江东同学弟孙致弥题[⑥]

【注释】

①含经咀史：指欣赏、体味经籍史书中的精华。

②自出机杼：比喻文章、古诗的风格和题材别出心裁、独创新意。机杼：本指织布机上的梭子。出自《魏书·祖莹传》：“文章须自出机杼，成一家风骨，何能共人同生活也。”

③一脔（luán）：指一块。片羽：传说中神马吉光的小片毛，喻指残存的少量珍贵品。

④三才：指天、地、人。语出《易传·系辞下》：“有天道焉，有人道焉，有地道焉。兼三才而两之，故六。六者非它也，三才之道也。”

⑤庾（sōu）辞谩语：指谜语，隐约其辞，不直说。庾，隐藏，藏匿。谩：同“隐”。

⑥孙致弥：字恺似，号松坪、杕左堂等，嘉定人，康熙初年召试称旨，康熙二十七年（1688）中进士，改翰林院庶吉士，官至侍读学士。著有《杕左堂集》等。

【译文】

张潮写的书堆满家中，大都蕴涵着经史的精华，自出机杼，卓越不凡，足以流传后世。这本书只是他煌煌著作中的一部，然而三才的义理、万物生发之情、古往今来的人事变迁，都在其中。我看到书名中有“梦”、“影”等字样，我听说海外有一个地方，那里夜长昼短，那里的人把白天的所作所为都认为是虚幻的，把梦中所经历的当成是真实的。又听说有人因厌恶自己的影子而想要摆脱它。然而“梦”，正是人们能够觉知到的；“影”，大概也正是人们的形体吧？这些隐约含糊的说辞说来是无罪过的，而看到的人就要足以引起警戒，这就是张潮所为之尽心尽力的。读这本书，也可以从中听到惊破梦境的钟声，可以靠近阴暗之处使影子停歇！

江东同学弟孙致弥题

## 序三

［清］石庞

张心斋先生家自黄山，才奔陆海[①]。柟榴赋就[②]，锦月投怀；芍药词成，繁花作馔。苏子瞻十三楼外[③]，景物犹然；杜牧之廿四桥头[④]，流风仍在。静能见性，洵哉人我不间[⑤]，而喜嗔不形[⑥]；弱仅胜衣，或者清虚日来，而滓秽日去。怜才惜玉，心是灵犀；绣腹锦胸，身同丹凤。花间选句，尽来珠玉之音；月下题词，已满珊瑚之笥[⑦]。岂如兰台作赋[⑧]，仅别东西；漆园著书[⑨]，徒分内外而已哉[⑩]！

然而繁文艳语，止才子余能；而卓识奇思，诚词人本色。若夫舒性情而为著述，缘阅历以作篇章，清如梵室之钟[⑪]，令人猛省；响若尼山之铎[⑫]，别有深思。则《幽梦影》一书，余诚不能已于手舞足蹈、心旷神怡也！其云“益人谓善，害物谓恶”，咸仿佛乎外王内圣之言。又谓“律己宜秋，处世宜

春”，亦陶熔乎诚意正心之旨。他如片花寸草，均有会心；遥水近山，不遗玄想。息机物外，古人之糟粕不论；信手拈时，造化之精微入悟。湖山乘兴，尽可投囊[13]；风月维潭，兼供挥麈[14]。金绳觉路，宏开入梦之毫；宝筏迷津，直渡广长之舌[15]。以风流为道学，寓教化于诙谐。为色为空，知犹有这个在[16]；如梦如影，且应作如是观[17]。

湖上晦村学人石庞序[18]

**【注释】**

①陆海：南朝梁钟嵘《诗品》卷上有：“陆才如海”之赞语。陆，指西晋陆机，后以“陆海”比喻才华横溢。

②柟（nán）榴赋：即《柟榴枕赋》，作者是三国时广陵张纮。事见《三国志·吴书·张纮传》：“（张）纮见柟榴枕，爱其文，为作赋。陈琳在北见之，以示人曰：‘此吾乡里张子纲所作也。’”柟：同“楠”。

③苏子瞻：即苏轼（1037—1101年），字子瞻，号东坡居士，北宋著名文学家。十三楼：宋代

杭州名胜，亦称“十三间楼”，苏轼在杭州时，常在此处理事务，于诗文中也多有提及。

④杜牧之：即杜牧（803—852 年），字牧之，曾在扬州做官，多风流之举，所作怀念扬州的诗篇流传甚广。廿四桥：二十四桥，唐代扬州著名的景观。

⑤洵哉：确实，诚然。不间：没有区别。

⑥喜嗔不形：高兴和生气的情绪都不显露出来。嗔：怒，生气。

⑦笥（sì）：盛饭或衣物的方形竹器。

⑧兰台：指班固（32—92 年），东汉史学家、文学家，汉明帝时任兰台令史，所以被称为班兰台。赋：指《两都赋》，分《西都赋》和《东都赋》两篇，两都指东汉西都长安和东都洛阳。

⑨漆园：指庄子，他曾经做过漆园吏。

⑩徒分内外：庄子著书立说，只是分为内、外篇。内外，指《庄子》的“内篇”和“外篇”，实际上《庄子》还包括“杂篇”，“内外”之说并不确切。

⑪梵室：佛殿。

⑫尼山：孔子的出生地，在山东曲阜，此处代指孔子。铎：以木为舌的大铃，铜质。古代天子摇响木铎召集民众，以宣布政教法令。意思是上天是要孔子宣扬大道，引导民众。

⑬投囊：投入囊中，指将一时所感收集起来。

⑭挥麈（zhǔ）：指清淡。

⑮“金绳觉路”以下四句：金绳觉路、宝筏迷津，出自唐代诗人李白的《春日归山寄孟浩然》诗：“金绳开觉路，宝筏渡迷川。”金绳、宝筏都是佛教语，比喻引导人到达彼岸的神圣佛法。入梦之毫：指蒙授五色笔的传说。相传南朝江淹梦人授以五色笔，其后文采俊发。广长之舌：指佛的舌头，据说佛舌广而长，可覆面上至发际，比喻能言善辩。

⑯为色为空，知犹有这个在：佛教公案，出自《景德传灯录》卷四，禅宗四祖道信访法融禅师，法融引导四祖前往他的禅修处，途中遇虎。四祖故

意显出害怕的样子，法融说：“犹有这个在。”后来四祖在法融打坐的石头上写了个“佛”字，法融不敢坐。四祖说：“犹有这个在。”并向法融讲解“一切烦恼业障本来空寂，一切因果皆如梦幻”等禅理。

⑰如梦如影，且应作如是观：泛指对某一事物作如此的看法。语出自《金刚经》：“一切有为法，如梦幻泡影，如露亦如电，应作如是观。”

⑱石庞（1671—1703 年），清安徽太湖人，字天外，号晦村学人、天外生等，一生不取仕途，好结友交游，工诗赋词曲，善书法，著有《因缘梦》传奇、《天外谈》《悟语》等。

**【译文】**

张潮先生家在黄山，像西晋的陆机那般富有才华。写就了像《柟榴枕赋》那样的文章，如同皎洁的月亮投影于怀中；吟咏芍药的华美词章写就，繁花当作美食。苏轼诗中写过的十三楼，景象美好依旧；杜牧吟咏过的二十四桥，流风余韵尚存。人于安静中能够顿悟佛性，诚然是我与他人没有区别，高兴和生气的情绪都不显露；尽管虚弱到仅能承受衣物的重量，却可以一天天地变得清高淡泊，并且远离那些渣滓污秽。因怜惜才华而爱护有加，心如一点即通的灵犀；胸中文章如锦绣，身如丹凤般卓尔不群。这些如同花间选出的佳句，都发出如宝石轻击般的清响；又如同月下题就的词章，已然堆满珊瑚筒内。岂止是像班固写作《两都赋》一样，仅仅是分成《东都赋》《西都赋》；也不像庄子写作《庄子》，只是分内篇、外篇而已！

然而繁复的文辞和华美的语句，只是才子微不足道的技能而已；能够写出卓越奇特的思想，这才是文人的本色。至于舒展性情灵气来著书，根据自己的阅历来写作，写出的文章就如同佛寺的钟声，令人猛然醒悟；像孔子的木铎一般高响，催人深思。那么《幽梦影》一书，我实在不能仅是手舞足蹈、心旷神怡而已。书中写到“对世界没有损害的就是善人，对世界有损害的就是恶人”，这与儒家外王内圣的言论有相似之处。又说“约束自己时应该带有秋天的严厉之气，对待别人时应该带有春天的宽厚之气”，也是融入了《大学》中正心诚意的宗旨。其他如一草一木，都有会心之处；遥水近山，不遗漏玄妙的想法。置身物外没有了机心，古人的废弃无用之说也就不会论及；

有时又似信手拈来，把对大自然精微的认识写入感悟。湖光山色，乘兴而游，所思所虑尽可以投入囊中；评谈风月，更可以挥麈纵论。就好像是用金绳开辟道路，打开入梦之笔；又像是用宝筏渡过迷津，辞采如佛的舌头善辩莫测。把风流作为道学，教化寓于诙谐之中。以色相为虚空，是仍旧存有分别心；人生如梦幻如泡影，一切都应该这么看。

湖上晦村学人石庞序

## 第一则

【原文】

读经宜冬①，其神专也；读史宜夏②，其时久也；读诸子宜秋③，其致别也④；读诸集宜春⑤，其机畅也⑥。

【原评】

曹秋岳曰⑦：可想见其南面百城时⑧。

庞笔奴曰⑨：读《幽梦影》，则春夏秋冬，无时不宜。

【注释】

①经：经、史、子、集是我国古代读书人对经典的分类法，这种分类法是以儒家思想为指导的。经，指传统图书分类中的经部著作，包括儒家经典（主要是十三经）和小学（文字、音韵、训诂等学问的总称）著作。宜：适宜，应该。

②史：指史部著作，包括各类历史著作（如二十四史）和部分地理著作（如《水经注》《元和郡县志》）。

③诸子：指先秦至汉初的诸子百家著作。

④致：情趣，兴致。

⑤集：指集部著作，是诗、文、词、赋等文艺作品的总集或别集。

⑥机：生机。畅：茂盛。

⑦曹秋岳：曹溶（1613—1685年），字洁躬，号秋岳，别号金陀老圃、倦圃等，浙江秀水（今嘉兴）人。明崇祯十年（1637）进士，官御史。入清后，历任户部右侍郎、广东布政使、山西阳和道。晚年筑室于范蠡湖，自号锄菜翁。家富藏书。工诗，著有《静惕堂诗集》《崇祯五十宰相传》等。

⑧南面百城：南面，古代以坐北朝南为尊位；百城，地域广大。本指居王侯之高位而拥有广阔土地，这里指藏书丰富。《魏书·李谧传》："每曰：'丈夫拥书万卷，何假南面百城?'"后也以此比喻藏书众多。

⑨庞笔奴：人名，即庞天池，生平不详。

【译文】

诵读经书适宜在冬天，因为冬天万物静止，精神能够专注集中；读史书适宜在夏天，因为夏天白日时间长，时间比较充足；读诸子百家适宜在秋天，因为思维情致能够清晰而有条理；读诗词文章适宜在春天，因为春天生机盎然，可以更好地领悟诗文的内蕴。

【原评译文】

曹秋岳说：由此可以推想作者藏书丰富。

庞笔奴说：读《幽梦影》，则春夏秋冬没有什么时候不适宜的。

## 第二则

【原文】

经传宜独坐读①，史鉴宜与友共读②。

【原评】

孙恺似曰③：深得此中真趣，固难为不知者道。

王景州曰④：如无好友，即红友亦可⑤。

【注释】

①经传（zhuàn）：儒家典籍经与传的统称。传：阐释经文的著作。

②史鉴：中国古代历史著作的统称。史，指《史记》。鉴，指《资治通鉴》。这两本书分别是我国古代纪传体史书和编年体史书的代表著作，所以用二者来代指史书。

③孙恺似：即孙致弥，字恺似。

④王景州：王仲儒（1634—1698 年），字景州，清初兴化（今属江苏）人，品性高洁，学问渊博，工诗善书，著有《西斋集》《离朱集》等。乾隆年间，《西斋集》被认定“狂悖指斥之处甚多”，王仲儒被“斫棺锉尸”。

⑤红友：酒的别称，语出宋代罗大经《鹤林玉露》卷八：“常州宜兴县黄土村，东坡南迁北归，尝与单秀才步田至其地。地主携酒来饷，曰：‘此红友也。’”

【译文】

儒家经典著作适合一个人时静静阅读，而历史著作适合和知己好友一起阅读。

【原评译文】

孙恺似说：此言深得读书的真正旨趣，不懂的人是说不出的。

王景州说：如果没有好友，那么饮酒读史也可以。

## 第三则

【原文】

无善无恶是圣人（如帝力何有于我①；杀之而不怨，利之而不庸②；以直报怨，以德报德③；一介不与，一介不取之类④），善多恶少是贤者（如颜子不贰过⑤，有不善未尝不知⑥；子路人告有过则喜之类⑦），善少恶多是庸人，有恶无善是小人（其偶为善处，亦必有所为），有善无恶是仙佛（其所谓善，亦非吾儒之所谓善也⑧）。

【原评】

黄九烟曰⑨：今人一介不与者甚多，普天之下，皆半边圣人也。利之不庸者，亦复不少。

江含徵曰⑩：先恶后善，是回头人；先善后恶，是两截人。

殷日戒曰⑪：貌善而心恶者，是奸人，亦当分别。

冒青若曰⑫：昔人云："善可为而不可为。"唐解元诗云⑬："善亦懒为何况恶⑭！"当于有无多少中更进一层。

【注释】

①帝力何有于我：帝王的权力跟我有什么关系呢？出自《击壤歌》，相传

唐尧时有人击壤而歌："吾日出而作，日入而息。凿井而饮，耕田而食。帝力于我何有哉？"后来成为歌颂太平盛世的典故。击壤是一种古代游戏，壤用木头做成，形状像履，用手中的壤掷打放在地上的另一块壤，打中为胜。

②杀之而不怨，利之而不庸：圣王的百姓被杀而不怨恨谁，获得利益而不报答谁。出自《孟子·尽心上》："霸者之民欢虞如也，王者之民皞皞如也。杀之而不怨，利之而不庸，民日迁善而不知为之者。"

③以直报怨，以德报德：用公平正直的态度来回应怨恨，用恩德来报答恩德。出自《论语·宪问》，有人问："以德报怨，何如？"用恩德来报答怨恨怎么样？孔子不同意，说："何以报德？以直报怨，以德报德。"

④一介不与，一介不取：一点儿小东西也不随便给人，一点儿小动西也不随便拿。介，通"芥"，草芥。一介：指轻微的东西。出自《孟子·万章上》："其非义也，非其道也，一介不以与人，一介不以取诸人。"

⑤颜子不贰过：颜子不犯已经犯过的错误。据《论语·雍也》记载，孔子称赞弟子颜回"不迁怒，不贰过"。贰，重复。

⑥有不善未尝不知：对于过失没有不知道的。这也是孔子称赞颜回的话，出自《周易·系辞下》："颜氏之子，其殆庶几乎？有不善未尝不知，知之未尝复行也。"

⑦子路人告有过则喜：子路听到别人告诉他自己的过错就很高兴。子路，也是孔子的学生。语出《孟子·公孙丑上》："子路，人告之以有过，则喜。"

⑧吾儒：中国封建时代长期以儒学思想为正统，儒学人士自称"吾儒"，以表示其与道家、佛家有别。

⑨黄九烟：黄周星（1611—1680年），明末清初江南上元人，字景虞，号九烟。明崇祯十三年（1640）进士，做过户部主事。明亡后不仕，隐居，变名黄人，字略似，号半非，别号圃庵，又号汰沃主人、笑苍道人。康熙十九年（1680）端午节，年七十，自沉于南浔而死。著有《九烟先生遗集》《圃庵诗集》等。

⑩江含徵：江之兰，清初医家，字含徵，号文房、香雪斋等。安徽歙县人，著有《医津筏》《内经释要》《文房约》等。

⑪殷日戒：殷曙（1624—?），安徽歙县人，字日戒，号竹溪。他本是张潮父亲张习孔的门人，与张潮亦交好。著有《竹溪杂述》等。

⑫冒青若：冒丹书（1639—?），字青若，号卯君，江苏如皋人，冒襄次子。明贡生，官同知。性孝，常以身救父。著有《枕烟堂集》《西堂集》等。

⑬唐解元：即唐寅（1470—1523年），明代画家、文学家，字子畏、伯虎，号六如居士、桃花庵主等，苏州府吴县人。与沈周、文徵明、仇英合称"明四家"。诗文亦工，有《画谱》《六如居士集》。

⑭善亦懒为何况恶：善事都懒得做，何况是恶事。语出唐寅《言怀》："鱼羹稻衲好终身，弹指流年到四旬。善亦懒为何况恶，富非所望不忧贫。僧房一局金藤着，野店三杯石冻春。自恨不才还自庆，半生无事太平人。"后改为"田衣稻衲拟终身，弹指流年了四旬。善亦懒为何况恶，富非所望不忧贫。僧房一局金藤着，野店三杯石冻春。如此福缘消不尽，半生落魄太平人。"

【译文】

既没有做过善事也没有做过恶事的是圣人（比如帝王的权力跟我有什么关

系呢？被杀而不怨恨谁，获得利益而不报答谁；以正直的态度来回报怨恨，以恩德来回报恩德；如果不合道义，一点儿小东西也不给予别人，一点儿小东西也不向人索求，等等之类）。做善事多做恶少的是贤者（比如颜回不犯已经犯过的错误，对于自己的过错没有不知道的；子路听到别人指出他的错误就很高兴之类）。做善事少恶事多的是庸俗之辈。只做恶事而不做善事的是不知廉耻的小人（这种人偶然做一次好事，也必然有一定的目的）。只知道做善事而没有做过恶事的是仙佛（他们所行的善，也不是我们儒家所说的善）。

【原评译文】

黄九烟说：现在能做到一点儿东西也不随便给别人的人很多，整个天下都是半边儿的圣人。获得利益而不报答别人的人也很多。

江含徵说：先做恶事后做善事，是改过自新的回头人；先行善事后做恶事的是品行不一的人。

殷日戒说：外貌善良而心怀罪恶的是奸诈的人，对此应当加以分辨。

冒青若说：古人说："善行有可以做和不可以做两重境界，不可做即无为而治。"唐解元的诗里说："善行都懒得去做，何况是恶行。"应当比文中的善恶有无多少更进了一层。

## 第四则

【原文】

天下有一人知己，可以不恨[①]。不独人也，物亦有之。如菊以渊明为知己[②]，梅以和靖为知己[③]，竹以子猷为知己[④]，莲以濂溪为知己[⑤]，桃以避秦人为知己[⑥]，杏以董奉为知己[⑦]，石以米颠为知己[⑧]，荔枝以太真为知己[⑨]，茶以卢仝、陆羽为知己[⑩]，香草以灵均为知己[⑪]，莼鲈以季鹰为知己[⑫]，蕉以怀素

为知己[13]，瓜以邵平为知己[14]，鸡以处宗为知己[15]，鹅以右军为知己[16]，鼓以祢衡为知己[17]，琵琶以明妃为知己[18]。一与之订[19]，千秋不移。若松之于秦始[20]，鹤之于卫懿[21]，正所谓不可与作缘者也[22]。

【原评】

查二瞻曰[23]：此非松鹤有求于秦始、卫懿，不幸为其所近，欲避之而不能耳。

殷日戒曰：二君究非知松鹤者，然亦无损其为松鹤。

周星远曰[24]：鹤于卫懿，犹当感恩。至吕政五大夫之爵[25]，直是唐突十八公耳[26]。

王名友曰[27]：松遇封，鹤乘轩，还是知己。世间尚有劚松煮鹤者[28]，此又秦卫之罪人也。

张竹坡曰[29]：人中无知己，而下求于物，是物幸而人不幸矣；物不遇知己，而滥用于人，是人快而物不快矣。可见知己之难，知其难，方能知其乐。

【注释】

①恨：遗憾，遗恨。

②渊明：陶渊明（365—427 年），一名潜，字元亮，自号五柳先生，私谥靖节先生，东晋浔阳柴桑人，曾任江州祭酒、镇军参军、建威参军及彭泽县令等职，后“不为五斗米折腰”，辞官归家。陶渊明十分喜爱菊花，写过很多与菊花有关的诗，如《饮酒》中的“采菊东篱下，悠然见南山。”

③和靖：林逋（967—1028 年），字君复，钱塘（今浙江杭州）人，北宋诗人。卒谥和靖先生。《宋史·林逋传》中说他不娶、无子，隐居在西湖孤山，终身不仕，以种梅养鹤自娱，有“梅妻鹤子”之称。他有多首咏梅诗，尤其是《山园小梅》中的名句“疏影横斜水清浅，暗香浮动月黄昏”曲尽梅之体态。

④子猷（yóu）：王徽之，字子猷，东晋大书法家王羲之的儿子。曾历任车骑参军、大司马、黄门侍郎，但生性高傲，放诞不羁，后辞官退居山阴。王徽之以爱竹闻名。南朝宋刘义庆《世说新语·任诞》云：“尝暂寄人空宅住，便令种竹。或问：‘暂住何须尔？’王啸咏良久，直指竹曰：‘何可一日无

此君。'”

⑤濂溪：周敦颐（1017—1073年），原名敦实，字茂叔，号濂溪，道州人，人称濂溪先生。北宋理学家，宋明理学创始人。他写过传世的名篇《爱莲说》，说自己“独爱莲”，赞美莲花品质高洁，是花中的君子。

⑥避秦人：指为躲避秦时战乱而遁世的人，他们隐居在桃花源。典出陶渊明的《桃花源记》：“自云先世避秦时乱，率妻子邑人，来此绝境，不复出焉。”

⑦董奉：字君异，三国时期吴国人，以医术和医德著称于世，与华佗、张仲景齐名。据葛洪《神仙传》记载，董奉隐居庐山，为人治病不取报酬，只要求病患者栽种杏树。年复一年，杏树不计其数，郁然成林，人称“董仙杏林”。卖杏得谷，用以赈济贫困百姓。后因以“杏林”代指良医，用“杏林春暖”、“杏林国手”等称颂医生医道高明。

⑧米颠：米芾（1051—1107年），字元章，时人号襄阳漫士、海岳外史，自号鹿门居士。北宋著名的书法家、书画理论家，画家，鉴定家、收藏家。米芾祖籍太远，后定居润州，召为书画学博士，擢礼部员外郎。因其衣着行为以及迷恋书画珍石的态度皆被当世视为癫狂，故又有“米癫”之称。

⑨太真：即唐玄宗的宠妃杨玉环，据《新唐书》记载，开元二十八年（740）十月，以为玄宗母亲窦太后祈福的名义，敕书杨氏出家为女道士，道号“太真”。她爱吃新鲜荔枝，玄宗每年令人从岭南用快马进贡，供她食用。杜牧《过华清宫绝句》中有：“一骑红尘妃子笑，无人知是荔枝来。”

⑩卢仝（tóng）：晚唐诗人（约795—835年），自号玉川子，祖籍范阳（今河北涿州），卢照邻之后。其诗风奇诡险怪，人称“卢仝体”，有《玉川子诗集》传世。他喜饮茶，曾作《走笔谢孟谏议寄新茶》一诗，其中的“七碗”之吟脍炙人口：“一碗喉吻润，两碗破孤闷。三碗搜枯肠，唯有文字五千卷。四碗发轻汗，平生不平事，尽向毛孔散。五碗肌骨清，六碗通仙灵。七碗吃不得也，唯觉两腋习习清风生。”对茶的功效大加赞赏。这首诗也被称为“玉川茶歌”。陆羽（733—804年）：唐代复州竟陵（今湖北天门）人，字鸿渐，号竟陵子、桑苎翁、东冈子等。著有我国第一部茶学专著《茶经》，被誉

为“茶仙”、“茶圣”、“茶神”。《新唐书·陆羽传》记：“羽嗜茶，著经三篇，言茶之原、之法、之具尤备，天下益知饮茶矣。”

⑪香草：有香气的草。灵均：即战国时期诗人屈原（约前340—前278年）的字，他曾在《离骚》中自云：“名余曰正则兮，字余曰灵均。”

⑫莼（chún）鲈：本指莼菜羹和鲈鱼脍，这里指莼菜和鲈鱼。季鹰：张翰，字季鹰，西晋吴郡吴县（今江苏苏州）人，见政事混乱，欲避祸南归。见秋风吹起，就说想念家乡的菰菜、莼羹、鲈鱼脍，于是弃官还乡。成语“莼鲈之思”和“鲈脍莼羹”即由此而来。

⑬怀素（725—785年）：唐代僧人、书法家，字藏真，三藏法师玄奘的弟子，俗姓钱。他性情疏放，不拘细行，以狂草闻名，与张旭并称“颠张狂素”。据宋陶谷《清异录》记载，怀素好书法，但家境贫寒买不起纸，便广植芭蕉，以蕉叶代纸练字，并把自己的住所称为“绿天庵”。

⑭邵平：也作召平，秦时的东陵侯，秦亡后成为平民百姓，在长安城东郊种瓜为生，传说他种的瓜味道极美，被当时人称为“东陵瓜”。《史记·萧

相国世家》："召平者，故秦东陵侯。秦破，为布衣，贫，种瓜于长安城东，瓜美，故世俗谓之'东陵瓜'，从召平以为名也。"

⑮处宗：晋人，生平不详。南朝宋刘义庆《幽明录》中记载，晋朝宋处宗买了一只长鸣鸡，十分喜爱，把鸡笼放在窗前。后来鸡突然说起话来，与他对谈，"极有言智，终日不辍"，使得宋处宗谈话的水平大为提高。后人因以"谈鸡"、"窗中碧鸡"形容畅谈、清谈，用"鸡窗"来指书斋。

⑯右军：王羲之（303—361年，一说321—379年），字逸少，原籍琅琊（今属山东临沂），后迁居会稽山阴（今浙江绍兴），东晋大书法家，有"书圣"之称，后官至右军将军，人称"王右军"。王羲之爱鹅成癖，传说是因为他从观察鹅游水时鹅掌的动作中，学习书法的用腕技巧。据《晋书·王羲之传》记载，他喜爱鹅，有个孤居的老太太养了只善鸣的鹅，王羲之想买来而未能得，于是带亲友坐车去看，老太太听说他要来，赶紧煮了鹅招待他，王羲之叹惜了一整天。山阴道士养有好鹅，王羲之又去看，十分喜爱，坚持要买，道士请他写《黄庭经》来换，他"欣然写毕，笼鹅而归，甚以为乐"。后来这部《黄庭经》被称作右军正书第二，又被称作《换鹅帖》。

⑰祢（mí）衡（173—198年）：字正平，东汉平原郡人，为人恃才傲物，和孔融交好。曹操听说他善击鼓，便召为鼓史，令他改穿鼓史的服装。祢衡敲奏《渔阳》参挝，声节悲壮，听者为之动容。祢衡裸身在曹操面前换装，又到营门外大骂曹操。曹操把他送到刘表处，刘表也不能容，又送到江夏太守黄祖处，终因得罪黄祖被杀。

⑱明妃：即王昭君，名嫱，字昭君，汉元帝宫人。因不肯贿赂画工毛延寿而遭丑化。竟宁元年（前33），匈奴呼韩邪单于求美人和亲，昭君自愿请求嫁予匈奴。晋代避司马昭的讳，改称明君，后人又称为明妃。

⑲一与之订：一旦与其结为知己。订，订交。

⑳松之于秦始：秦始皇二十八年（前219）封禅泰山，半路上遇到暴雨，于是在大松树下躲避，因为此树护驾有功，于是按秦官爵封为五大夫。五大夫是战国、秦汉时的官名。

㉑鹤之于卫懿（yì）：据《左传·闵公二年》记载，春秋时期卫国国君卫

懿公喜欢养鹤，宫苑中不仅养鹤众多，还令鹤享受大臣待遇，甚至让鹤乘坐大夫才能坐的轩车，引发了百姓的强烈不满。狄人入侵时，卫国的士兵们抱怨说：“还是派鹤去迎敌吧，它们享受着禄位，怎么能让我们去战斗！”因此兵败。

㉒不可与作缘：不应该和他们发生瓜葛。作缘，指结缘，结交。

㉓查二瞻：查士标（1615—1698年），明末清初著名画家，字二瞻，号梅壑，安徽休宁人，寓居扬州。明末诸生，明亡后闭门高卧。著有《种书堂遗稿》。

㉔周星远：不详。

㉕吕政：指秦始皇嬴政。据说他为吕不韦所生，称其为吕政，含有轻蔑之意。

㉖十八公：指松树，因为松字可拆为十、八、公三个字，所以以此来代指松树。

㉗王名友：不详。

㉘劚（zhú）松煮鹤：砍倒松树，煮食仙鹤，比喻糟蹋美好的事物。劚：砍。

㉙张竹坡：张道深（1670—1698年），字自德，号竹坡，铜山（今江苏徐州）人。曾经评点《金瓶梅词话》，后在扬州与张潮相识，并拜为叔侄。

【译文】

普天之下只要有一个知己，就不会有遗憾了。不仅人是这样，万物也是这样的。如菊花把陶渊明视为知己，梅花把林逋视为知己，翠竹把王徽之看作知己，莲花把周敦颐视作知己，桃花把避秦人作为知己，杏树把董奉当作知己，奇石将米芾当作知己，荔枝把杨贵妃视作知己，茶把卢仝、陆羽作为知己，香草把屈原作为知己，莼羹鲈脍把张翰视为知己，芭蕉把怀素视为知己，瓜把邵平视为知己，鸡把处宗视为知己，鹅把王羲之视为知己，琵琶把王昭君视为知己。他们之间一旦结为知己，千秋万代也不会改变。至于说像泰山松与秦始皇、春秋鹤与卫懿公，则正如古人所言，是不应该与他们结缘的。

【原评译文】

查二瞻说：这并不是松树和鹤向秦始皇、卫懿公要求这样做，而是不幸被他们所亲近，想躲避却不能罢了。

殷日戒说：秦始皇和卫懿公终究不是松鹤的知己，但松树和鹤并没有因他们的亲近名誉受到伤害。

周星远说：鹤对于卫懿公，仍然应当感激思念。至于秦始皇封松树为“五大夫”，真是唐突松树了。

王名友说：松树遇到封官、鹤能够乘车，尚且还算是知己。世上还有砍倒松树、煮食仙鹤的人，这又是秦始皇和卫懿公的罪人了。

张竹坡说：人类中没有知己，而向下求之于物，这是物的幸运，人的不幸；在物中寻求不到知己，不加选择地用情到人的身上，是人的快乐，物的不快乐。由此可见知己的难得。懂得知己的难得，才能更加深刻地体会知己相交的快乐。

## 第五则

【原文】

为月忧云，为书忧蠹[①]，为花忧风雨，为才子佳人忧命薄，真是菩萨心肠。

【原评】

余淡心曰[②]：洵如君言，亦安有乐时耶！

孙松坪曰[③]：所谓君子有终身之忧者耶！

黄交三曰[④]：“为才子佳人忧命薄”一语，真令人泪湿青衫。

张竹坡曰：第四忧，恐命薄者消受不起。

江含徵曰：我读此书时，不免为蟹忧雾。

竹坡又曰：江子此言，直是为自己忧蟹耳。

尤悔庵曰[5]：杞人忧天，嫠妇忧国[6]，无乃类是。

【注释】

①为书忧蠹（dù）：替书担忧被蠹虫蛀蚀。蠹，蠹鱼，又名银鱼、白鱼、衣鱼等，是蛀食书籍、衣物等的虫子，线装古籍常常被蠹虫毁坏。

②余淡心：即余怀。

③孙松坪：即孙致弥。

④黄交三：即黄泰来，字交三，一字竹舫，号石闾，江苏泰州人，黄云次子，宗元鼎婿。好读书，善词赋，兼工隶篆绘事，与兄阳生时称“二雄”。曾随孔尚任到北京入王士禛幕。著有《观海集》《浮香阁集》《岱青楼集》等。

⑤尤悔庵：尤侗（1618—1704年），字同人、展成，号悔庵、西堂，晚号艮斋，江南长洲人。明末清初著名诗人、戏曲家。明诸生，康熙十八年（1679）举博学鸿词科，列为二等，管授翰林院检讨，参修《明史》。诗、词、曲、古文俱佳，被康熙称为“老名士”。有《艮斋杂记》《鹤栖堂

文集》《西堂杂组》，及传奇《钧天乐》、杂剧《读离骚》《吊琵琶》《桃花源》《清平调》等。

⑥嫠（lí）妇忧国：寡妇担忧国家大事，比喻毫无由来的忧虑。嫠妇：寡妇。

【译文】

为月亮担心被云彩遮蔽，为书籍担心被蠹虫蛀蚀，为鲜花担心被风雨侵袭，为才子佳人担心他们命运无常，这真是大慈大悲的菩萨心肠呀。

【原评译文】

余淡心说：如果确实像你说的那样，那哪儿有快乐的时候啊！

孙松坪说：这就是所谓的君子有一辈子的忧虑吗？

黄交三说："为才子佳人忧命薄"这句话，真让人泪湿衣衫。

张竹坡说：第四种忧虑，恐怕命薄的人承受不起。

江含徵说：我读这段话时，不由得替螃蟹担忧大雾的侵凌。

竹坡又说：江先生这话，只是替自己担忧没有螃蟹吃罢了。

尤悔庵说：杞人担心上天倾塌，寡妇忧虑国家大事，恐怕都是这样吧。

## 第六则

【原文】

花不可以无蝶，山不可以无泉，石不可以无苔，水不可以无藻，乔木不可以无藤萝，人不可以无癖[①]。

【原评】

黄石闾曰[②]："事到可传皆具癖"，正谓此耳。

孙松坪曰：和长舆却未许藉口[③]。

【注释】

①癖：癖好，嗜好。这里所说的癖，是指对某一事物的过分关注、痴迷。

②黄石闾：即黄泰来。

③和长舆：和峤（？—292 年），字长舆，西晋汝南西平（今河南西平）人。家中十分富有，却很吝啬，杜预称其有“钱癖”。藉口：指借别人的话作为依据。

【译文】

鲜花不能没有蝴蝶作伴，青山不能没有泉水穿流其中，石头上不能没有青苔点缀，水上不能没有水藻漂浮，高大的树木不能没有藤萝攀缘，人不能没有自己的癖好。

【原评译文】

黄石闾说：“某种嗜好到了可以传言的程度就是一种癖好”，这话是对的。

孙松坪说：和峤却不能以癖好为借口，遮掩他吝啬的本性。

## 第七则

【原文】

春听鸟声，夏听蝉声，秋听虫声，冬听雪声。白昼听棋声，月下听箫声，山中听松声[①]，水际听欸乃声[②]，方不虚生此耳。若恶少斥辱，悍妻诟谇[③]，真不若耳聋也。

【原评】

黄仙裳曰[④]：此诸种声颇易得，在人能领略耳。

朱菊山曰[⑤]：山老所居[⑥]，乃城市山林，故其言如此。若我辈日在广陵城市中[⑦]，求一鸟声，不啻如凤凰之鸣[⑧]，顾可易言耶？

释中洲曰[⑨]：昔文殊选二十五位圆通[⑩]，以普门耳根为第一[⑪]。今心斋居士耳根不减普门，吾他日选圆通，自当以心斋为第一矣。

张竹坡曰：久客者，欲听儿辈读书声，了不可得。

张迂庵曰[⑫]：可见对恶少、悍妻，尚不若日与禽虫周旋也。又曰：读此，方知先生耳聋之妙。

【注释】

①松声：风吹过松林发出的像波涛般的特殊响声，称为松涛或松风。

②欸乃（ǎi nǎi）声：本指摇橹划船的声音，后来也指船歌或渔歌，即划船时唱的歌。唐元结有乐府《欸乃曲》："谁能听欸乃，欸乃感人情。"题注："棹船之声。"唐代柳宗元谪居永州时写有一首《渔翁》："渔翁夜伴西岩宿，晓汲清湘燃楚竹。烟消日出不见人，欸乃一声山水绿。回看天际下中流，岩上无心云相逐。"后有人据此做古琴曲，称为《渔歌》或《欸乃歌》，借以表达淡泊名利、寄情山水的情趣。

③诟谇（gòu suì）：辱骂。

④黄仙裳：黄云（1621—1702 年），字仙裳，一字樵青，号旧樵、悠然堂等，江苏泰州人。他工画擅诗，明清之际，于江淮一带颇负盛名。明末诸生，明亡后隐居不仕。有《悠然堂集》《桐引楼诗》等。

⑤朱菊山：朱慎，字其恭，号菊山，武义人，居扬州，善作诗，性格豪放，与孔尚任等友善。

⑥山老：指张潮，字山来。

⑦广陵：即江苏扬州。

⑧不啻（chì）：如同。

⑨释中洲：法名海岳，字菌人，号中洲，住金陵（今江苏南京）清凉寺，工画。

⑩文殊：佛教大乘菩萨，为释迦牟尼佛的左胁侍，专司"智慧"，与司"理"的右胁侍普贤并称。圆通：佛教语，谓悟觉法性，圆即不偏倚，通即无阻碍。据《楞严经》记载："阿难及诸大众，蒙佛开示，慧觉圆通，得无疑

惑。”观音菩萨以耳根圆通，被文殊菩萨赞为二十五圆通中第一圆通，故观音又称圆通大士。

⑪普门：佛教语，指普摄一切众生的广大圆融的法门。见《法华经·观世音菩萨普门品》。此处代指观音菩萨。耳根：佛教语，六根之一，指对声境而生耳识者。

⑫张迂庵：不详。

【译文】

春天听鸟鸣，夏天听蝉唱，秋天听虫子唧唧叫的声音，冬天听雪落的声音。白天听下棋的落子声，明月当空时听悠远的箫声，身处在大山之中听松林风啸的声音，水边听摇橹声，才算没有白长了这双耳朵。假如听到是无赖少年的呵斥辱骂，蛮横女人的叫骂恶言，那真不如耳朵聋了的好。

【原评译文】

黄仙裳说：这几种声音很容易听到，在于人能不能欣赏罢了。

朱菊山说：张老先生居住在城市中的山林，所以他这样说。要是像我们这些人整天待在扬州城中，听到一声鸟叫，就像是听到凤凰的叫声一样，哪里还能说出容易听到的话。

释中洲说：当年文殊菩萨评选二十五圆通，把观世音菩萨的耳根列为第

一。如今心斋居士的耳根不亚于观世音，我将来要是评选圆通，自然当把心斋列为第一。

张竹坡说：常年在外的人，想要听孩子们的读书声，是完全不可能的。

张迂庵说：由此可见整日面对无赖少年、凶悍妻子，还不如整天与禽鸟虫类相处。又说：读了这篇才理解张老先生耳聋的妙处。

## 第八则

【原文】

上元须酌豪友[①]，端午须酌丽友，七夕须酌韵友[②]，中秋须酌谈友，重九须酌逸友[③]。

【原评】

朱菊山曰：我于诸友中，当何所属耶？

王武徵曰[④]：君当在豪与韵之间耳。

王名友曰：维扬丽友多[⑤]，豪友少，韵友更少。至于淡友、逸友，则削迹矣。

张竹坡曰：诸友易得，发心酌之者为难能耳。

顾天石曰[⑥]：除夕须酌不得意之友。

徐砚谷曰[⑦]：惟我则无时不可酌耳。

尤谨庸曰[⑧]：上元酌灯，端午酌彩丝，七夕酌双星，中秋酌月，重九酌菊，则吾友俱备矣。

【注释】

①上元：即上元节，中国传统节日，在每年的农历正月十五，又称为元宵、元夜、灯节等。古代以正月十五日为上元，七月十五日为中元，十月十

五日为下元，合称三元。豪友：豪爽的朋友。

②七夕：农历七月七日，相传为牛郎织女鹊桥相会的日子。旧俗女子于这晚在庭院中进行乞巧活动，故也称乞巧节。

③重九：农历九月九日，一般称为重阳节。

④王武徵：王方岐，字武徵，号蒙谷，江苏扬州人。明朝遗民，与郑昕庵、徐地山等为“竹西十逸”。著有《蒙斋文集》《蒙斋诗集》。

⑤维扬：即扬州。

⑥顾天石：顾彩（1650—1718年），字天石，号补斋、湘槎，别号梦鹤居士，江苏无锡人，清代戏曲家。官至内阁中书。与孔尚任交往密切，合写《小忽雷》传奇，并改《桃花扇》为《南桃花扇》。另有《往深斋集》《辟疆园文稿》《鹤边词》及戏曲作品《楚辞谱》《后琵琶记》《大忽雷》。

⑦徐砚谷：不详。

⑧尤谨庸：尤珍（1647—1721年），字谨庸，一字慧珠，号沧湄，尤侗之子，江南长洲县人。康熙二十年（1681）进士，曾任翰林院庶吉士，并出任《大清会典》《明史》《三朝国史》纂修官，深于诗学，著有《沧湄札记》《沧湄诗钞》等。

【译文】

上元节要与豪爽的朋友畅饮，端午节要与美丽潇洒的朋友对饮，七夕节要与风雅有情趣的朋友对饮，中秋节要与性情淡泊恬静的朋友对饮，重阳节要与超然脱俗的朋友对饮。

【原评译文】

朱菊山说：我在这几种朋友中，应该属于哪一类？

王武徵说：您应该在性情豪放和风雅有情趣之间。

王名友说：扬州美丽的朋友多，豪放的朋友少，有韵致的朋友更少，至于擅长清谈的朋友、隐逸的朋友，更是迹象全无。

张竹坡说：这几种朋友都容易找到，动心共饮的人才是难能可贵的。

顾天石说：除夕应该与不得志的朋友共饮。

徐砚谷说：只有我不用选择时令，随时都可以对饮。

尤谨庸说：元宵节赏灯而饮，端午节对着彩色丝带而饮，七夕节与牛郎织女星共饮，中秋节与月亮共饮，重阳节对着菊花共饮，那么我的各种朋友就都有了。

## 第九则

【原文】

鳞虫中金鱼[①]，羽虫中紫燕[②]，可云物类神仙。正如东方曼倩避世金马门[③]，人不得而害之。

【原评】

江含徵曰：金鱼之所以免汤镬者[④]，以其色胜而味苦耳。昔人有以重价觅奇特者，以馈邑侯[⑤]。邑侯他日谓之曰："贤所赠花鱼殊无味。"盖已烹之矣。世岂少削圆方竹杖者哉[⑥]？

【注释】

①鳞虫：指鱼和龙这类体表有鳞甲的动物。虫，古代对动物的总称，泛指动物。《大戴礼记·曾子天圆》中说："介虫之精者曰龟，鳞虫之精者曰龙。"

②羽虫：禽鸟类。《孔子家语·执辔》中有："羽虫三百有六十而凤为之长。"紫燕：燕的一种，也称越燕。体形小而多声，因颔下紫色而得名，多在屋檐下筑窝，分布于江南。唐代顾况《悲歌》有："紫燕西飞欲寄书，白云何处逢来客。"

③东方曼倩：东方朔（前 154—前 93 年），字曼倩，汉平原厌次（今山东陵县）人，西汉文学家，汉武帝时任常侍郎、太中大夫等职。他性格诙谐，滑稽多智，司马迁在《史记》中称他为"滑稽之雄"。著有《答客难》《非有

先生论》《封泰山》等，后人汇为《东方太中集》，收入《汉魏六朝百三家集》中。金马门：汉代宫门名。学士待诏之处。《史记·滑稽列传》："金马门者，宦（者）署门也。门傍有铜马，故谓之曰'金马门'。"东方朔到长安时，曾待诏于此。

④汤镬（huò）：被放入锅内用滚水煮。镬，古代的大锅。

⑤邑侯：指县令。

⑥削圆方竹杖：将方竹的手杖削圆，指不识珍贵之物，没有眼光。方竹：竹子的一种，外形微方，质坚。古人多用其制作手杖，称方竹杖。宋张表臣《珊瑚钩诗话》卷二："李卫公镇南徐，甘露寺僧有戒行，公赠以方竹杖，出大宛国，盖公所宝也。及公再来，问：'杖无恙否？'僧欣然曰：'已规圆而漆之矣。'公嗟惋弥日。"

【译文】

鱼中的金鱼，飞鸟中的紫燕，可以说是动物中的神仙。就像东方朔在金马门待诏，隐居官场，人们却无法加害他一样。

【原评译文】

江含徵说：金鱼之所以能免于被放入滚水锅煮食的命运，是因为其外观漂亮而味道苦。从前有人以高价购买到稀奇珍贵的金鱼，用来送给县令。有一天，县令对他说："你送的金鱼实在没什么滋味。"大概他已经把金鱼给煮食了。世上像这些庸俗不解事的人还少吗？

## 第一〇则

【原文】

入世须学东方曼倩，出世须学佛印了元①。

【原评】

江含徵曰：武帝高明喜杀，而曼倩能免于死者，亦全赖吃了长生酒耳②。

殷日戒曰：曼倩诗有云："依隐玩世，诡时不逢。"③以其所以免死也。

石天外曰④：入得世，然后出得世。入世、出世打成一片，方有得心应手处⑤。

【注释】

①佛印了元：佛印（1032—1098年），宋代名僧，俗姓林，名了元，字觉老，饶州浮梁人。他工书能诗，尤善言辩，与周敦颐、苏轼友善，是佛教禅宗南五家之一的云门宗的代表人物之一，曾主持庐山归宗寺等著名寺院。

②长生酒：指能使人长生不死的酒。据北宋范致明《岳阳风土记》引南朝庾穆之《湘洲记》记载，君山上有"饮之即不死，为神仙"的仙酒。汉武帝曾派人寻取，不料被东方朔先偷喝了。武帝大怒，要杀他。东方朔却说："使酒有验，杀臣亦不死；无验，安用酒为？"武帝于是笑而释之。这其实是将《韩非子·说林上》中"有献不死之药于荆王"这个故事附会到东方朔的

身上了。

③依隐玩世，诡时不逢：指依违于政事和隐居之间，玩身于世，行为虽与时势相违背，却也不会遭到祸害。出自《汉书·东方朔传》："首阳为拙，柱下为工；饱食安步，以仕易农；依隐玩世，诡时不逢。"

④石天外：即石庞。

⑤得心应手：指心里怎么想，手就能怎么做。比喻技艺纯熟或做事非常顺利。出自《庄子·天道》："不徐不疾，得之于手而应于心。"

【译文】

进入官场应该学东方朔，超脱尘世必须学佛印了元。

【原评译文】

江含徵说：汉武帝明晓事理但喜好杀人，而东方朔能够免于被杀害的命运，全靠吃了神仙的长生酒罢了。

殷日戒说：东方朔的诗里说："依违于政事和隐居之间，玩身于世，行为虽与时势相违背，却也不会遭到祸害。"这也是他能够免于被杀害的原因。

石天外说：能够入得世俗，而又能保持超脱尘世的境界，将入世、出世合为一体，才能在人生旅途中得心应手，应付自如。

## 第一一则

【原文】

赏花宜对佳人，醉月宜对韵人，映雪宜对高人[①]。

【原评】

余淡心曰：花即佳人，月即韵人，雪即高人。既已赏花醉月映雪，即与对佳人韵人高人无异也。

江含徵曰：若对此君仍大嚼，世间那有扬州鹤[②]？

张竹坡曰：聚花月雪于一时，合佳韵高为一人，吾当不赏而心醉矣。

【注释】

①映雪：原指晚上借雪的反光读书，据传孙康家贫，常映雪读书，这里泛指赏雪。高人：志趣、品行高尚的人或超凡脱俗的人，多指隐士。

②若对此君仍大嚼，世间那有扬州鹤：若对着竹子还能大口吃肉，世间哪儿有骑鹤下扬州这么称心如意的事？这句诗出自苏轼诗《于潜僧绿筠轩》，此诗歌咏竹子，称“无肉令人瘦，无竹令人俗”。此君，指竹子。典出《晋书·王徽之传》：“（徽之）尝寄居空宅中，便令种竹。或问其故，徽之但啸咏指竹曰：‘何可一日无此君邪！’”后作竹的代称。扬州鹤，形容称心如意之事。典出南朝宋殷芸《小说》：“有客相从，各言所志，或愿为扬州刺史，或愿多资财，或愿骑鹤上升。其一人曰：‘腰缠十万贯，骑鹤上扬州。’盖欲兼三人者之所欲也。”

【译文】

赏花时应该有美丽漂亮的人相陪，对月畅饮时应该有风韵雅士相伴，赏雪应该与超然脱俗的高士一起。

【原评译文】

余淡心说：花就是美丽漂亮的人，

月亮就是风雅有韵味的人，雪就是超然脱俗的高士。既然已经赏花醉月映雪了，那就和与美人、雅士、高士相处没有什么不同了。

江含徵说：就像对着竹子仍然大块吃肉一样，世间哪有“腰缠十万贯，骑鹤上扬州”那样称心如意的事情。

张竹坡说：将花、月、雪聚在同一景中，将美人、雅士、高士合为同一个人，我恐怕不待欣赏就心中陶醉了。

## 第一二则

【原文】

对渊博友，如读异书[①]；对风雅友，如读名人诗文；对谨饬友[②]，如读圣贤经传；对滑稽友，如阅传奇小说[③]。

【原评】

李圣许曰[④]：读这几种书，亦如对这几种友。

张竹坡曰：善于读书取友之言。

【注释】

①异书：珍贵或罕见的书籍。李贤注引晋袁山松《后汉书》：“充所作《论衡》，中土未有传者，蔡邕入吴始得之，恒秘玩以为谈助。其后王朗为会稽太守，又得其书，及还许下，时人称其才进。或曰：‘不见异人，当得异书。’”

②谨饬友：指言行慎重、周到的朋友。

③传奇小说：泛指戏曲、小说。传奇本是中国古代小说的一种体裁，其源出于六朝“志怪”，而内容已扩展到人情世态和社会生活的描写，情节曲折多变，内容离奇丰富。另外，后代的戏曲作品，尤其是明代长篇南戏作品，

也称为传奇。

④李圣许：不详。

【译文】

和学识渊博的朋友相处，就像读一本内容丰富的奇书；同风流儒雅的朋友相处，就像在读名人的诗文创作；同言行谨慎持重的朋友相处，就像读名人贤士所著的经籍传疏；同诙谐风趣的朋友相处，就像在阅读讲述奇闻异事的小说。

【原评译文】

李圣许说：读这几种书，也像和这几种朋友相处。

张竹坡说：这是善于读书和交友的人所发的言论。

## 第一三则

【原文】

楷书须如文人，草书须如名将，行书介乎二者之间，如羊叔子缓带轻裘①，正是佳处。

【原评】

程韡老曰②：心斋不工书法，乃解作此语耶！

张竹坡曰：所以羲之必做右将军。

【注释】

①羊叔子：即羊祜，字叔子，蔡邕外孙，三国魏末西晋初泰山南城人。《晋书》有传，他是晋初名臣，文武双全，曾任荆州都督，他“在军常轻裘缓带，身不披甲”，一派儒将风度。

②程韡（wěi）老：程京萼（1645—1715年），字韦华，号祓斋、野处堂

等，清代书法家，金陵上元（今江苏南京）人。经学家程廷祚之父，性耿介，不求闻达。书法学黄庭坚，空灵瘦硬，包世臣《艺舟双揖》列其行书于逸品下十六人之列。

【译文】

楷书要写得像文人那样沉稳有力，草书要写得像将领那样雄风勃发，而行书书写则应该介于两者之间，就像晋代羊祜在威严的军营中穿着轻便华丽的服装那样潇洒自如，从容不迫，正是恰到好处。

【原评译文】

程粹老说：张先生不擅长书法，竟懂得说出这般深刻的话来。

张竹坡说：由于这个缘故，王羲之一定要做右将军了。

## 第一四则

【原文】

人须求可入诗，物须求可入画。

【原评】

龚半千曰[①]：物之不可入画者，猪也，阿堵物也[②]，恶少年也。

张竹坡曰：诗亦求可见得人，画亦求可像个物。

石天外曰：人须求可入画，物须求可入诗，亦妙。

【注释】

①龚半千：袭贤（1618—1689年），又名岂贤，字半千，一字野遗，号半亩居人、柴丈人、钟山野老、半亩居人等，明遗民，原籍昆山，隐居江宁清凉山下半亩园。善画山水，为金陵八家之首，能诗，兼工书法。著有《画诀》《香草堂集》《半亩园诗草》等。

②阿堵物：指钱。语出南朝宋刘义庆《世说新语·规箴》："王夷甫雅尚玄远，常忌其妇贪浊，口未尝言钱事。妇欲试之，令婢以钱绕床不得行。夷甫晨起，见钱阂行，呼婢曰：'举却阿堵物。'"阿堵，六朝人口语，即这个。后人遂以"阿堵物"指钱。

【译文】

人应该追求能入诗的境界，物品应该追求能够入画的形态。

【原评译文】

龚半千说：物品中不能入画的有猪、钱、无赖的少年。

张竹坡说：诗也希求能够见得人，画也要求能像某个物品。

石天外说：人也应该追求能够入画，物也应该追求富于诗意，也很妙啊！

## 第一五则

【原文】

少年人须有老成之识见[①]，老成人须有少年之襟怀。

【原评】

江含徵曰：今之钟鸣漏尽、白发盈头者[②]，若多收几斛麦[③]，便欲置侧室[④]，岂非有少年襟怀耶？独是少年老成者少耳。

张竹坡曰：十七八岁便有妾，亦居然少年老成。

李若金曰[⑤]：老而腐板，定非豪杰。

王司直曰[⑥]：如此方不使岁月弄人。

【注释】

①老成：指年高有德或阅历多而练达世事的人，泛指成年人。

②钟鸣漏尽：晨钟已鸣，更漏将尽，指深夜，在这里比喻人年老力衰，

已到迟暮之年。《三国志·魏书·田豫传》：“年过七十而以居位，譬犹钟鸣漏尽，而夜行不休，是罪人也。”

③斛：旧量器名，亦是容量单位，一斛本为十斗，后来改为五斗。

④侧室：妾。

⑤李若金：李淦（1626—?），字若金，一字季子，号水樵，南明举人，博学多才，性好山水，著有《砺园集》《燕翼篇》等。

⑥王司直：王臬（niè），字司直，康熙间秀水（今浙江嘉兴）人，寓居南京。与其兄王概、王蓍皆能诗善画，他们合编了《芥子园画传》。

【译文】

年轻人应当具备老年人成熟的见解，老年人应当具有年轻人朝气蓬勃的胸怀。

【原评译文】

江含徵说：现在那些年已迟暮、满头白发的人，如果多收了几斛麦子，就想要娶妾，这难道不是具有年轻人的胸怀吗？只是年轻而能沉稳干练的人太少了。

张竹坡说：才十七八岁就有了妾，这算是少年老成吧！

李若金说：年老又迂腐刻板的人，一定不是豪杰之士。

王司直说：像这样年轻而沉稳干练、年老而不失率真朝气，才不虚度时光。

## 第一六则

【原文】

春者天之本怀[①]；秋者天之别调[②]。

【原评】

石天外曰：此是透彻性命关头语。

袁中江曰[③]：得春气者，人之本怀，得秋气者，人之别调。

尤悔庵曰：夏者天之客气[④]，冬者天之素风[⑤]。

陆云士曰[⑥]：和神当春，清节为秋，天在人中矣。

【注释】

①本怀：本来的心愿、胸怀。

②别调：另一种风味、情调。

③袁中江：底本作“袁江中”，误。袁启旭，字士旦，号中江，宣城（在今安徽）人，侨居芜湖。诗及书法皆警迈，宗室红兰主人称之为“南中第一才子”。著有《中江纪年诗集》。

④客气：古代用以说明气候变化的术语，与主气相对。主气指每年各个季节固定的气候变化，客气则指气候的具体变化。

⑤素风：此处大致意思如主气，意谓平素的作风。

⑥陆云士：陆次云，字云士，钱塘（今浙江杭州）人，清文学家。康熙间举博学鸿词科试，未中。后任河南郏县、江苏江阴知县，颇有官声。著有

《澄江集》《玉山词》等。

【译文】

春天，生机勃勃，是大自然本来的情怀；秋天，万物凋零，是大自然的另一种情调。

【原评译文】

石天外说：这是彻底了悟宇宙人生的精辟之言。

袁中江说：得到生机勃勃之气的，是人的本来情怀；得到萧瑟洒脱之气的，是人的另一种情调。

尤悔庵说：夏天，是上天的虚骄之气；冬天，是上天的质朴风格。

陆云士说：具有谦虚祥和的神气就像是春天，具有纯洁高尚的情操就像是秋天，这就是上天的品质在人中的体现。

## 第一七则

【原文】

昔人云[①]：“若无花月美人，不愿生此世界。”予益一语云：“若无翰墨棋酒，不必定作人身。”

【原评】

殷日戒曰：枉为人身生在世界者，急宜猛省。

顾天石曰：海外诸国，决无翰墨棋酒。即有，亦不与吾同，一般有人，何也？

胡会来曰[②]：若无豪杰文人，亦不须要此世界。

【注释】

①昔人：下文“若无花月美人”这段话，有好几种书都引用过。晚明曹

臣编《舌华录》说是“吴逵”所言，陈继儒编《竹屋三书》则说是“吴延祖”的话。吴逵、吴延祖具体情况不详，亦未知是否为同一人。

②胡会来：不详。

【译文】

过去有人说：假如没有鲜花、月色和美人，就不愿意活在这个世界上。我再加一句：假如没有文章、书画、围棋和美酒，就没有必要一定要作为一个人存在。”

【原评译文】

殷日戒说：枉自托生为人活在这个世界上的人，应当赶快觉悟。

顾天石说：在海外的一些国家，一定没有文章、书画、围棋和美酒，就算有，也跟我们的不相同，但那里也一样生活着人类，为什么？

胡会来说：假如没有才能出众的英雄和能写文章的读书人，就没有必要有这个世界。

## 第一八则

【原文】

愿在木而为樗[①]（不才，终其天年），愿在草而为蓍[②]（前知）[③]，愿在鸟而为鸥（忘机）[④]，愿在兽而为廌[⑤]（触邪），愿在虫而为蝶（花间栩栩）[⑥]，愿在鱼而为鲲[⑦]（逍遥游）。

【原评】

吴薗次曰[⑧]：较之《闲情》一赋[⑨]，所愿更自不同。

郑破水曰[⑩]：我愿生生世世为顽石。

尤悔庵曰：第一大愿。又曰：愿在人而为梦。

尤慧珠曰[11]：我亦有大愿，愿在梦而为影。

弟木山曰[12]：前四愿皆是相反，盖前知则必多才，忘机则不能触邪也。

【注释】

①樗（chū）：一种落叶乔木，俗名臭椿，气味很难闻，被古人认为是无用之材。语出《庄子·逍遥游》："吾有大树，人谓之樗，其大本臃肿而不中绳墨，其小枝卷曲而不中规矩。立之涂，匠者不顾。"

②蓍（shī）：蓍草，一种多年生草本植物，古人常以其茎作占卜，以预测吉凶。

③前知：有预测能力，可以事先知道。

④忘机：忘却机诈、计较的心思，常用以指甘于淡泊、与世无争的心境。

⑤廌（zhì）：就是"豸"，或作"獬豸"，是古代传说中的异兽，有的记载说它只有一只角，能辨善恶曲直，见人相斗，则以角触邪恶无理者。后来人们把它作为司法公正的象征。

⑥花间栩栩：在花丛中愉悦从容地飞来飞去。栩栩，欢喜自得的样子。语出《庄子·齐物论》："昔者庄周梦为胡蝶，栩栩然胡蝶也。"

⑦鲲（kūn）：古代传说中的大鱼。出自《庄子·逍遥游》："北冥有鱼，其名为鲲。鲲之大，不知其几千里也。化而为鸟，其名为鹏。鹏之背，不知其几千里也。怒而飞，其翼若垂天之云……水击三千里，抟扶摇而上者九万里。"鲲、鹏是自在逍遥、不受羁绊的象征。

⑧吴菌（yuán）次：吴绮（1619—1694年），后改吴钟，字菌次，号听翁、林惠堂、红豆词人等。他祖籍安徽歙县，居江都。工诗词和骈文，被称为"江都才子"。清顺治十一年（1654）拔贡，任秘书院中书舍人，后任湖州知府。著有《林蕙堂诗文集》《蓺香词》等。

⑨《闲情》：指陶渊明《闲情赋》，其中有"愿在衣而为领"、"愿在裳而为带"、"愿在竹而为扇"、"愿在木而为桐"等表达心愿的诗句。

⑩郑破水：郑晋德，字破水，安徽歙县人，著有《三友棋谱》。

⑪尤慧珠：即尤珍。

⑫弟木山：即张潮之弟张渐，字木山，他曾与张潮一起编纂《昭代丛书》丙集。

【译文】

在树木中希望做臭椿（因为它不是使用的材料，而能够得以长存），在草中希望做蓍草（因为它能够未卜先知），在鸟中希望做鸥鸟（因为它能忘却心机，亲近异类，快乐地生活），在兽中希望做獬豸（因为它能辨别是非曲直，用角抵邪恶之人），在昆虫中希望做蝴蝶（因为它能在花丛中翩翩起舞，既美丽又自由），在鱼中希望做鲲（因为它能化作大鹏鸟，胸怀大志，展翅万里）。

【原评译文】

吴菌次说：这些愿望跟《闲情赋》相比较，所希望的大为不同。

郑破水说：我希望生生世世做未经开凿的石头。

尤悔庵说：这些都是最大的愿望。又说：假如是人，我愿成为梦。

尤慧珠说：我也有一大愿望，假如是梦，我愿成为影子。

弟木山说：前边四种愿望说的都是反话，因为能够未卜先知的必然有才，假如真的忘却心机，又怎能识别曲直而触不正之人呢。

## 第一九则

【原文】

黄九烟先生云："古今人必有其偶双[①]，千古而无偶者，其惟盘古乎[②]！"予谓盘古亦未尝无偶，但我辈不及见耳。其人为谁？即此劫尽时最后一人是也[③]。

【原评】

孙松坪曰：如此眼光，何啻出牛背上耶？

洪秋士曰[④]：偶亦不必定是两人，有三人为偶者，有四人为偶者，有五六七八人为偶者。是又不可不知。

【注释】

①偶双：成双配对、与之相对的人。

②盘古：中国古代神话传说中开天辟地的人物。

③劫：道教认为天地不停地经历从形成到毁灭的循环过程，每一次循环称为一劫。劫，为梵文音译"劫波"的略称，意为极久远的时间。

④洪秋士：洪嘉植，字去芜，号秋士，安徽歙县人。著有《耕云子传》《大荫堂集》。

【译文】

黄九烟先生说："古往今来的人必定都有相配的对象，自古以来没有可以相配的人只有一个，那就是盘古吧！"我认为盘古也不是没有相配之人，只不过我们这些凡人没能见到罢了。这个人是谁呢？他便是经历天崩地陷这一劫难后最后一人。

【原评译文】

孙松坪说：这样短浅的眼光，只当是出自牛背上罢了。

洪秋士说：成双配对的不一定必须是两个人，还有三人相配的，有四人相配的，有五六七八人相配的，这是应当知道的。

## 第二〇则

【原文】

古人以冬为三余①，予谓当以夏为三余：晨起者夜之余，夜坐者昼之余，午睡者应酬人事之余②。古人诗云："我爱夏日长③。"洵不诬也④。

【原评】

张竹坡曰：眼前问冬夏皆有余者，能几人乎？

张迂庵曰：此当是先生辛未年以前语⑤。

【注释】

①古人：指三国时期魏国的董遇。据《魏略》记载，董遇是研究《老子》《左传》等的专家，有人向他求学，他让对方"必当先读百遍"，"书读百遍而义自见"。三余：求学的人说苦于时间不够，董遇让他们利用"三余"的时间，就是"冬者岁之余，夜者日之余，阴雨者时之余"。后以"三余"泛指空闲时间。

②人事：交际应酬。

③我爱夏日长：这句诗出自唐文宗李昂与书法家柳公权的《夏日联句》："人皆苦炎热，我爱夏日长（李昂）。熏风自南来，殿阁生微凉（柳公权）。"

④洵：诚然，确实。诬：欺骗，说谎。

⑤辛未年：指康熙三十年辛未（1691），此年张潮以岁贡生授翰林院孔目，此前他并未出仕。

【译文】

古人把冬天当做三种读书的余暇之一，我认为应当把夏天也看成三种读书的余暇之一。清晨起来时是夜的余暇，夜晚闲坐时是白昼的余暇，午睡时是应酬人事后的余暇。古人诗中说："我喜欢夏天白昼漫长。"确实没有欺骗人。

【原评译文】

张竹坡说：问问现在冬天夏天都有余暇的能有几个人？

张迂庵说：这应当是张先生在辛未年以前说的话。

## 第二一则

【原文】

庄周梦为蝴蝶[①]，庄周之幸也；蝴蝶梦为庄周，蝴蝶之不幸也。

【原评】

黄九烟曰：惟庄周乃能梦为蝴蝶，惟蝴蝶乃能梦为庄周耳。若世之扰扰红尘者，其能有此等梦乎？

孙恺似曰：君于梦之中，又占其梦耶？

江含徵曰：周之喜梦为蝴蝶者，以其入花深也。若梦甫酣而乍醒[2]，则又如嗜酒者梦赴席，而为妻惊醒，不得不痛加诟谇矣。

张竹坡曰：我何不幸而为蝴蝶之梦者！

【注释】

①庄周梦为蝴蝶：庄子梦中化为蝴蝶。故事出自《庄子·齐物论》中的一段议论："昔者庄周梦为胡蝶，栩栩然胡蝶也。自喻适志与！不知周也。俄然觉，则蘧蘧然周也。不知周之梦为胡蝶与？胡蝶之梦为周与？周与胡蝶，则必有分矣。此之谓物化。"

②甫：刚刚，才。

【译文】

庄周梦见自己变为蝴蝶，是庄周的幸运；蝴蝶梦见自己变为庄周，是蝴蝶的不幸。

【原评译文】

黄九烟说：只有庄周能做梦化为蝴蝶，只有蝴蝶能梦见自己变成庄周。像世上那些在纷杂的人世间追名逐利的人，他们能做出这样的梦吗？

孙恺似说：张先生是在梦中又做梦吧？

江含徵说：庄周高兴梦见蝴蝶，是因为他喜欢在万花丛中飞舞。如果你正做美梦突然醒来，或者嗜酒的人正梦见去赴宴，突然被妻子惊醒，一定大为恼火，痛加责骂啊。

张竹坡说：我为什么这么不幸，不能做一个梦见变成蝴蝶的人呢？

## 第二二则

【原文】

艺花可以邀蝶①，累石可以邀云②，栽松可以邀风③，贮水可以邀萍，筑台可以邀月④，种蕉可以邀雨⑤，植柳可以邀蝉。

【原评】

曹秋岳曰：藏书可以邀友。

崔莲峰曰⑥：酿酒可以邀我。

尤艮斋曰⑦：安得此贤主人？

尤慧珠曰：贤主人非心斋而谁乎？

倪永清曰⑧：选诗可以邀谤。

陆云士曰：积德可以邀天，力耕可以邀地。乃无意相邀而若邀之者，与邀名邀利者迥异。

庞天池曰⑨：不仁可以邀富。

【注释】

①艺花：种植花草。艺，种植，栽种。邀：邀请，这里是招致，招引的意思。

②累石：把石头堆叠起来造假山。邀云：古人认为云与山石有密切关系，

云从山石深穴中出来，又回到石穴中休憩，所以山崖石穴被称为云根，云根处的矿石被称为云母、云英等。

③栽松可以邀风：风吹过松林可以发出特殊的松涛声。

④台：古时修建的一种高而平的方形建筑，用以观赏四面风景。

⑤蕉：即芭蕉，芭蕉叶子大，同荷叶一样，雨点滴落在芭蕉叶子上发出很响的声音，且连续不断。雨打芭蕉在古典文学中一般用来表现凄清、孤寂、愁郁之情。

⑥崔莲峰：即崔华，字莲峰，号不凋，直隶平山人。与儿子崔如岳一起点评了《幽梦影》。

⑦尤艮斋：即尤侗。

⑧倪永清：生卒年不详，法名超定，松江（今属上海）人。《五灯全书》卷九十七有载："（松江倪超定永清居士）淹博古今，以诗名世。"

⑨庞天池：即前文所出现的庞笔奴。

【译文】

种植花卉可以招来蝴蝶，堆叠奇石可以招来白云，栽植松树可以招来清风，贮积池水可以招来浮萍，建筑高台可以招来月光，栽种芭蕉可以招来雨水，种植柳树可以招来鸣蝉。

【原评译文】

曹秋岳说：收藏书籍可以招来文人笔友。

崔莲峰说：酿造美酒可以招我前来。

尤艮斋说：哪里能遇到这样贤惠的主人？

尤慧珠说：贤惠的主人不是张先生又是谁呢？

倪永清说：选编诗集可以招致毁谤。

陆云士说：积累德行可以获得上天保佑，努力耕作可以获得大地的保佑。这些都是不邀自到的，与那些一心求名求利的人完全不同。

庞天池说：不讲仁德可以获得富贵。

# 第二三则

【原文】

景有言之极幽而实萧索者[①]，烟雨也；境有言之极雅而实难堪者[②]，贫病也；声有言之极韵而实粗鄙者[③]，卖花声也。

【原评】

谢海翁曰[④]：物有言之极俗而实可爱者，阿堵物也。

张竹坡曰：我幸得极雅之境。

【注释】

①景：景色。幽：幽静娴雅。萧索：凄凉寂寞。

②言之极雅：说起来非常高雅。

③韵：风韵雅致。粗鄙：粗俗鄙陋。

④谢海翁：谢开宠，字晋侯，号海翁，安徽寿州（今安徽寿县）人。顺治九年（1652）进士，任四川宜宾知县。洁己爱民，案无留牍。后辞官归里，病卒。著有《元宝公案》，收入《檀几丛书》初集。

【译文】

景色有说起来极其幽静，而实际非常萧条冷落的，那就是烟雨迷蒙；境遇有说起来非常风雅而其实令人难以忍受的，那就是贫病交加；声音有说起来非常有韵味而实际上很粗鄙的，那就是叫卖花的声音。

【原评译文】

谢海翁说：物品有说起来非常俗气而实际上很招人喜爱的，那就是钱。

张竹坡说：我有幸得到极其不俗的境遇，那就是贫病潦倒。

## 第二四则

【原文】

才子而富贵，定从福慧双修得来[①]。

【原评】

冒青若曰：才子富贵难兼，若能运用富贵，才是才子，才是福慧双修。世岂无才子而富贵者乎？徒自贪着，无济于人，仍是有福无慧。

陈鹤山曰[②]：释氏云[③]："修福不修慧，象身挂璎珞[④]。修慧不修福，罗汉供应薄[⑤]。"正以其难兼耳。山翁发为此论，直是夫子自道。

江含徵曰：宁可拼一副菜园肚皮[⑥]，不可有一副酒肉面孔。

【注释】

①福慧双修：也作福惠双修，指福德和智能都达到至善的境地。

②陈鹤山：陈翼，字鹤山，长洲（今江苏苏州）人。少孤，既冠，以塾师为业。孔尚任至扬州为官，欣赏其文，延之入幕内。陈翼闻孔尚任格致之理，读其著作，遂师事之。两人相处三年，曾为孔校订《湖海集》。著有《草堂集》。

③释氏：谓佛，佛姓释迦氏，简称释。

④璎珞：古代用珠玉穿成戴在颈项上的装饰品。

⑤罗汉：佛教语，梵文的音译，也译作阿罗汉。释迦牟尼的弟子，有十八、一百零八和五百之数。

⑥菜园肚皮：满腹粥菜，即生活清苦。典出三国魏人邯郸淳之《笑林》："有人常食蔬茹，忽食羊肉，梦五脏神曰：'羊踏破菜园。'"

【译文】

有才气而又出身富贵，一定是从行善积德和聪明智慧两方面共同修行得来的。

【原评译文】

冒青若说：才气和富贵很难同时具备。如果能恰当地使用富贵，才是真正的才子，才是真正做到行善积德和聪明智慧双修。世上难道没有既是才子又出身富贵的吗？只是自己贪求，不能帮助别人，是有福气没有智慧。

陈鹤山说：佛家说："修福报不修慧根，就如身上挂满璎珞。修慧根不修福报，就如阿罗汉只能得到很少的供奉。"正是因为才气和富贵难以同时具备啊。张先生发表这一番议论，正是自己说自己。

江含徵说：宁可有一副清寒贫苦的菜园肚皮，也不愿要一张庸俗贪婪的酒肉面孔。

## 第二五则

【原文】

新月恨其易沉①，缺月恨其迟上②。

【原评】

孔东塘曰③：我唯以月之迟早为睡之迟早耳。

孙松坪曰：第勿使浮云点缀尘滓太清④，足矣。

冒青若曰：天道忌盈，沉与迟，请君勿恨。

张竹坡曰：易沉迟上，可以卜君子之进退。

【注释】

①新月：农历每月初出的弯形月亮，这时的月亮升起的时间早，下落的时间也比较早，所以后文说“恨其易沉”。现在称之为“上弦月”。

②缺月：残缺不圆的月亮，这里指的是农历每月月末的残月，这时的月亮要到下半夜才升起，所以说“迟上”。现在称为“下弦月”。

③孔东塘：孔尚任（1648—1718年），字聘之，一字季重，号东塘，又号岸堂主人，别号云亭山人，曲阜（今属山东）人，孔子六十四代孙，清初著名戏曲作家。康熙二十五年（1686）由监生授国子监博士，官至户部员外郎。他博学工诗文，通音律。以戏曲《桃花扇》负盛名，另有传奇《小忽雷》（与顾彩合撰），另刊刻有《湖海集》《岸堂文集》《绰约词》等。

④第：但，只要。尘滓：细小的尘灰渣滓，此处用作动词，有污染、弄脏之意。太清：指天空。

【译文】

新月令人遗憾它下落得太快，残月令人遗憾它升起得太晚。

【原评译文】

孔东塘说：我只是按照月亮升起的早晚而睡罢了。

孙松坪说：千万不要让浮云遮蔽明月，尘土污染天空就足够了。

冒青若说：上天忌恨圆满，易沉与迟升请你们都不要遗憾。

张竹坡说：月亮下落得早和升起得晚可以用来预测仕子的升迁和贬谪。

## 第二六则

【原文】

躬耕吾所不能[①]，学灌园而已矣[②]；樵薪吾所不能[③]，学薙草而已矣[④]。

【原评】

汪扶晨曰[⑤]：不为老农而为老圃，可云半个樊迟[⑥]。

释菌人曰[⑦]：以灌园、薙草自任自待，可谓不薄。然笔端隐隐有非其种者锄而去之之意。

王司直曰：予自名为识字农夫，得无妄甚？

【注释】

①躬耕：亲自去耕田种地。诸葛亮《出师表》："臣本布衣，躬耕于南阳。"

②灌园：浇灌园圃。汉杨恽《报孙会宗书》："是故身率妻子，勠力耕桑，灌园治产，以给公上。"这些活跟农业生产比是一些比较轻松的活儿。

③樵薪：砍柴。

④薙（tì）草：除去野草。

⑤汪扶晨：汪士铉，原名征远，字扶晨，号栗亭，又字文升，号退谷，安徽钦县人。康熙三十六年（1697）二甲第一名进士，由翰林编修官至左春

坊左中允。康熙四十七年（1708）丁母忧去官，闲居京师。著有《长安宫殿考》《全秦艺文志》《栗亭诗集》等。

⑥樊迟：樊须，字子迟，孔子的学生，春秋末期鲁国人（一说齐国人）。据《论语·子路》记载："樊迟请学稼，子曰：'不如老农。'请学为圃。曰：'吾不如老圃。'樊迟出。子曰：'小人哉，樊须也！上好礼，则民莫敢不敬；上好义，则民莫敢不服；上好信，则民莫敢不用情。夫如是，则四方之民襁负其子而至矣，焉用稼？'"

⑦释菌人：即僧人释中洲。

【译文】

亲自耕种我做不到，学着浇灌园圃还能做到；砍柴我做不到，学着拔除杂草还是能做到的。

【原评译文】

汪扶晨说：不做耕田的老农而做浇灌田园的老园翁，可以说是半个樊迟。

释菌人说：以灌溉园圃、拔除杂草来自己评价自己，可以说并不菲薄，但是笔端隐隐有不是种田的均要排除在外的意思。

王司直说：我自称为识字的农夫，是不是太狂妄了？

## 第二七则

【原文】

一恨书囊易蛀，二恨夏夜有蚊，三恨月台易漏[①]，四恨菊叶多焦[②]，五恨松多大蚁，六恨竹多落叶，七恨桂荷易谢[③]，八恨薜萝藏虺[④]，九恨架花生刺[⑤]，十恨河豚多毒[⑥]。

【原评】

江药庵曰[7]：黄山松并无大蚁，可以不恨。

张竹坡曰：安得诸恨物尽有黄山乎?

石天外曰：予另有二恨，一曰才人无行，二曰佳人薄命。

【注释】

①月台：古时为赏月而筑的露天平台。漏：指夜漏，古计时器。

②焦：焦黄，焦枯。

③桂荷易谢：荷花开在夏季，桂花开在中秋前后，花期都不长。

④薜（bì）萝：薜荔和女萝的合称。两者皆野生植物，常攀缘于山野林木或屋壁之上，古代常常连用。虺（huǐ）：古书上说的一种毒蛇。

⑤架花：需要用架子来支撑的攀援类花木，如蔷薇、木香、荼蘼、紫藤等。

⑥河豚：鱼名，古称鲀、鲐、鲑等，河豚肉味鲜美，但肝脏、生殖腺及血液有剧毒，食用时容易中毒，其毒可以致命。我国沿海和某些内河有出产。苏轼《惠崇春江晚景》中说：“蒌蒿满地

芦芽短，正是河豚欲上时。”

⑦江药庵：不详。

【译文】

我第一恨的是书籍容易被虫蛀蚀，第二恨的是夏天夜晚有蚊子，第三恨的是赏月的时间过得很快，第四恨的是菊花的叶容易焦枯，第五恨的是松树下有很多大蚂蚁，第六恨的是竹子落叶太多，第七恨的是桂花、荷花容易凋谢，第八恨的是薜萝藤下藏有毒蛇，第九恨的是攀架的花枝上长着刺，第十恨的是河豚有毒。

【原评译文】

江药庵说：黄山的松树下并没有大蚂蚁，可以不用怨恨了。

张竹坡说：怎么能使各种所怨恨之物都生长于黄山呢？

石天外说：我另外还有两个憾恨：一个是有才华的人品行不好，一个是美貌多才的女子命运不好。

## 第二八则

【原文】

楼上看山，城头看雪，灯前看月，舟中看霞，月下看美人，另是一番情境。

【原评】

江允凝曰[1]：黄山看云，更佳。

倪永清曰：做官时看进士，分金处看文人[2]。

毕右万曰[3]：予每于雨后看柳，觉尘襟俱涤[4]。

尤谨庸曰：山上看雪，雪中看花，花中看美人，亦可。

【注释】

①江允凝：江注（1626—1685年后），字允凝，一字允冰，号若米舫，安徽歙县人。善画山水，后出家为僧，隐于黄山，传世作品有《黄山图》《著色山水人物图》《小青绿山水图》等。著有《允凝诗草》。

②分金处看文人：分钱财的时候看文人的品行。

③毕右万：毕三复，字右万，安徽歙县人，著有《枞亭近稿》。

④尘襟俱涤：世俗情怀被洗涤一空。

【译文】

登上高楼遥望远山，爬上城头遥看雪景，在华灯下看月亮，在小船上看云霞，在月光下看美人，别有一番情趣。

【原评译文】

江允凝说：在黄山上观看云雾更加壮观。

倪永清说：做官的时候看进士的志向，分钱财的时候看读书人的品行。

毕右万说：我经常在雨后看柳树，觉得世俗情怀都被洗涤一空。

尤谨庸说：在山上看雪，雪里看花，花里看美人，也是一种胜景。

## 第二九则

【原文】

山之光，水之声，月之色，花之香，文人之韵致，美人之姿态，皆无可名状[①]，无可执著[②]，真足以摄召魂梦，颠倒情思[③]。

【原评】

吴街南曰[④]：以极有韵致之文人，与极有姿态之美人，共坐于山水花月间，不知此时魂梦何如？情思何如？

【注释】

①无可名状：没有办法形容、描摹出来。

②执著：原为佛教语。指对某一事物坚持不放，无法超脱，后泛指拘泥或坚持。《百喻经·梵天弟子造物因喻》："诸外道见是断常事已，便生执著，欺诳世间作法形象，所说实是非法。"这里是掌握、看得见摸得着的意思。

③摄召魂梦，颠倒情思：使人魂牵梦萦，十分痴迷。

④吴街南：吴肃公（1626—1699年），字雨若，号晴岩，一号逸鸿，别号街南，安徽宣城人。明末诸生，师事同邑人沈寿民，入清后不仕，以卖字行医为业。他是明末清初江南遗民中重要的学者、史学家、文学家，与黄宗羲、王猷定、徐枋、蒋平阶、李邺嗣、魏禧等交游。文章似韩愈，后人称他"文不苟作，同时惟顾炎武能之"。他虽多病体弱，但勤奋著述，一生著作甚富，多实录易代之际忠烈仁义之事，著有《明语林》《云间杂记》《街南文集》《街南文集续集》《诗问》等。

【译文】

高山的光影，溪水的声响，月光的颜色，鲜花的香气，文人的风雅情致，美人的容貌仪态，都难以用言语形容，无法刻意追求，这些确实足以令人魂牵梦萦，忘乎所以。

【原评译文】

吴街南说：让极其风雅有情趣的文人和极其有姿色神韵的美人，相伴坐于山水间花前月下，不知道这时候你的神魂梦境是什么样子？情思又是什么样子？

## 第三〇则

【原文】

假使梦能自主，虽千里无难命驾[①]，可不羡长房之缩地[②]；死者可以晤对[③]，可不需少君之招魂[④]；五岳可以卧游[⑤]，可不俟婚嫁之尽毕[⑥]。

【原评】

黄九烟曰：予尝谓鬼有时胜人，正以其能自主耳。

江含徵曰：吾恐“上穷碧落下黄泉，两地茫茫皆不见”也[⑦]。

张竹坡曰：梦魂能自主，则可一生死[⑧]，通人鬼，真见道之言也。

【注释】

①虽：即使。命驾：命令赶车的人准备车辆马匹，准备出行。南朝刘义庆《世说新语·简傲》：“嵇康与吕安善，每一相思，千里命驾。”

②长房：费长房，东汉汝南人，是著名的术士，能行缩地术，可化远为近，瞬息而至。《后汉书·方术列传》《太平广记》等书中记载了他的事迹。费长房本来做市掾这样的小官，后来碰上仙人壶公，跟着学习了一些法术，“遂能医疗众病，鞭笞百鬼及驱使社公”。晋代葛洪的《神仙传·壶公》记载：“费长房有神术，能缩地脉，千里存在目前宛然，放之复舒如旧也。”有时一天之间，人们可以在千里之外的好几个地方见到他。据说他最后因为失去了仙符而被众鬼所杀。

③晤（wù）对：会面，见面。

④少君：应为“少翁”之误。李少翁为汉武帝时术士。曾以方术为武帝招已卒王夫人（一说为李夫人）之魂魄，被拜为文成将军。《史记·孝武本纪》：“上有所幸王夫人，夫人卒，少翁以方术，盖夜致王夫人及灶鬼之貌云，天子自帷中望见焉。”

⑤卧游：本指在屋里欣赏山水风景的画图，以想象来代替亲至游览，这里指睡梦中游玩。语出《宋书·宗炳传》：“澄怀观道，卧以游之。”

⑥俟：等到。婚嫁：指儿女的婚娶嫁送之事。毕：完成。

⑦上穷碧落下黄泉，两地茫茫皆不见：出自唐代诗人白居易的《长恨歌》，指寻遍九天之上和九地之下，却还是茫然无获。碧落，道家称天界为碧落。黄泉，指人死后埋葬的地方，阴间。

⑧一生死：即“一死生”，指将生和死当成同一事物。语出晋代书法家王羲之《兰亭集序》：“固知一死生为虚诞，齐彭殇为妄作。”

【译文】

假如梦境能够由自己做主，即使远隔千里也不难驱驾赶到，可以不必羡慕费长房的缩地之术；假如能和死去的人面对面地交谈，可以不需要李少翁的招魂之术；假如五岳可以在睡梦中游玩，那么不必等儿女婚嫁的时候都已游览完毕。

【原评译文】

黄九烟说：我曾经说鬼有时候胜过人，就是因为他能够自己做主。

江含徵说：这样的好事我恐怕“上穷碧落下黄泉，两地茫茫皆不见”啊。

张竹坡说：在梦境中的魂魄能够自己做主，则可以将生与死等同一物，往来人鬼之间，真是达到道的最高境界啊。

# 第三一则

**【原文】**

昭君以和亲而显①，刘蕡以下第而传②，可谓之不幸，不可谓之缺陷。

**【原评】**

江含徵曰：若故折黄雀腿而后医之，亦不可。

尤悔庵曰：不然，一老宫人③，一低进士耳④。

**【注释】**

①和亲：指封建王朝利用婚姻关系与边疆各族统治者结亲和好。显：显扬，扬名。

②刘蕡（fén）：字去华，唐朝幽州昌平（今属北京）人。唐文宗太和二年（828），他应贤良对策，论宦官之害，考官畏宦官之势而不敢取录他。他去世后，李商隐有《哭刘蕡》诗："平生风义兼师友，不敢同君哭寝门。"下第：参加科举考试不中者称下第，又称"落第""不第"。传：名声传扬。

③老宫人：年老的宫女。

④低进士：年轻的进士。

**【译文】**

王昭君因为出塞和亲而名声显扬，刘蕡因为落第而名传天下，他们的命运可以称得上是不幸，但不能说是有欠缺或不够完备。

**【原评译文】**

江含徵说：如果故意折断黄雀的腿然后再替它医治，也是不可以的。

尤悔庵说：不这样的话，不过是一个年老的宫女，一个年轻的进士罢了。

# 第三二则

【原文】

以爱花之心爱美人，则领略自饶别趣[①]；以爱美人之心爱花，则护惜倍有深情。

【原评】

冒辟疆曰[②]：能如此，方是真领略、真护惜也。

张竹坡曰：花与美人何幸，遇此东君[③]！

【注释】

①领略：领会，欣赏。饶：富有，富足。别趣：特别的韵味、趣味。

②冒辟疆：冒襄（1611—1693年），字辟疆，号巢民，又号朴巢，晚年自号醉茶老人。明末清初江南如皋（今江苏）人。明崇祯十五年（1642）副贡，与方以智、陈贞慧、侯方域友善，合称“明末四公子”。入清后隐居不仕，屡拒清廷征

召，常往来扬州，以友朋文酒为乐。擅古文、诗、词，书法亦工，著有《巢民诗集》《水绘园诗文集》《影梅庵忆语》等。

③东君：东家，对主人的尊称。

【译文】

以爱花的心意去爱美人，便会领会感受到另外一种情趣；以爱美人的心理去爱花，那么对花的爱护怜惜之情也会加倍深刻。

【原评译文】

冒辟疆说：如果能够这样做，才是真的领会欣赏、真的爱护怜惜啊。

张竹坡说：鲜花与美人是多么幸运能遇到这样的主人！

## 第三三则

【原文】

美人之胜于花者，解语也[①]；花之胜于美人者，生香也。二者不可得兼，舍生香而取解语者也。

【原评】

王勿翦曰[②]：飞燕吹气若兰[③]，合德体自生香[④]，薛瑶英肌肉皆香[⑤]，则美人又何尝不生香也。

【注释】

①解语：懂得理解话语。这里是用唐玄宗评论杨贵妃的典故。五代王仁裕《开元天宝遗事·解语花》条："明皇秋八月，太液池有千叶白莲数枝盛开，帝与贵戚宴赏焉。左右皆叹羡久之，帝指贵妃示于左右曰：'争如我解语花耶？'"以"解语花"来称赞杨贵妃不仅貌美，更聪慧、善解人意，后世多以此来比喻美女。

②王勿翦（jiǎn）：王棠，字勿翦，号燕在阁，安徽歙县人。著有《燕在阁文集》，曾仿顾炎武的《日知录》而作《燕在阁知新录》。

③飞燕：赵飞燕，西汉成帝皇后，本为阳阿主家的歌女，号飞燕，她体态轻盈，身轻如燕，传说中能作掌上舞。吹气若兰：形容美女嘴里呼出的气息像兰花的香气。出自三国时期魏曹植的《美女篇》："顾盼遗光采，长啸气若兰。"

④合德：汉代美女，相传是赵飞燕的妹妹。亦被成帝召入宫中，后取代赵皇后，成为成帝最宠幸的妃嫔，封为昭仪。相传其肤滑体香，后为成帝所幸，谓为"温柔乡"。

⑤薛瑶英：唐宰相元载的宠妾，据唐苏鹗《杜阳杂编》记载，她"仙姿玉质，肌香体轻"，因其母"生瑶英，而幼以香啖之，故肌香也"。

【译文】

美人胜过娇花的地方，在于她们通解语言；娇花胜过美人的地方，在于它能够散发香气。这二者不能同时拥有，就舍弃生香的鲜花而选择通解语言的美人。

【原评译文】

王勿翦说：赵飞燕呼吸的气息如兰花一般，赵合德身体天生散发香气，薛瑶英的肌肤都是香的，可见美人又何尝不会散发香气呢。

## 第三四则

【原文】

窗内人于窗纸上作字[①]，吾于窗外观之，极佳。

【原评】

江含徵曰：若索债人于窗外纸上画，吾且望之却走矣[②]。

【注释】

①作字：写字。

②且：将，将要。却走：退走，退避。

【译文】

窗子里面的人在窗户纸上写字，我在窗外观看，感到特别漂亮。

【原评译文】

江含徵说：若是讨债的人在窗外的纸上画画，我望见就要马上躲开了。

## 第三五则

【原文】

少年读书，如隙中窥月[①]；中年读书，如庭中望月[②]；老年读书，如台上玩月[③]。皆以阅历之浅深，为所得之浅深耳。

【原评】

黄交三曰：真能知读书痛痒者也。

张竹坡曰：吾叔此论，直置身广寒宫里[④]，下视大千世界[⑤]，皆清光似水矣。

毕右万曰：吾以为学道亦有浅深之别。

【注释】

①隙中窥月：从窗户的缝隙中窥看月亮，只能见到局部，比喻读书只见部分，不能理解全貌。

②庭中望月：在庭院中举头望月，比喻读书已能够把握全貌，已经能够真正理解，较窥月有所进步，但立足点还不够高。

③台上玩月：在通透高筑的月台上赏月，比喻读书已能从容取舍，自在

随心，尽得其精华。

④广寒宫：月宫。

⑤大千世界：泛指整个人间社会。为“三千大千世界”的简称。以须弥山为中心，以铁围山为外郭，是一小世界。一千个小世界合起来就是小千世界，一千个小千世界合起来就是中千世界，一千个中千世界合起来就是大千世界。

【译文】

少年时读书，就好像从缝隙中窥视明月；中年时读书，就像站在庭院中仰头望月；老年时读书，就像独立高台赏玩明月。这些都是因为一个人阅历的深浅不同，决定了读书所领悟程度的深浅不同。

【原评译文】

黄交三说：真是一位能够了解读书关键所在的人啊。

张竹坡说：我长辈的这番议论，简直如置身广寒宫中，向下看大千世界，就像水一样清澈。

毕右万说：我认为学道也有浅与深的分别。

# 第三六则

【原文】

吾欲致书雨师①：春雨宜始于上元节后（观灯已毕）②，至清明十日前之内（雨止桃开）及谷雨节中③；夏雨宜于每月上弦之前及下弦之后（免碍于月）④；秋雨宜于孟秋、季秋之上下二旬（八月为玩月胜境）⑤；至若三冬⑥，正可不必雨也。

【原评】

孔东塘曰：君若果有此牍，吾愿作致书邮也⑦。

余生生曰⑧：使天而雨粟⑨，虽自元旦雨至除夕，亦未为不可。

张竹坡曰：此书独不可致于巫山雨师。

【注释】

①致书：给别人写信。雨师：神话传说中掌管降雨的神。

②观灯：上元节观看花灯。

③清明：农历二十四节气之一，旧称三月节。在公历四月五日前后。《月令七十二候集解》："三月节……物至此时，皆以洁齐而清明矣。"谷雨：也是农历二十四节气之一，在清明之后。

④上弦：上弦月。指农历每月的初七或初八，在地球上看到月亮呈月牙形，其弧在右侧。这种月相叫"上弦"。下弦：下弦月。指农历每月二十二日或二十三日，此时月形与上弦月相反，其弧在左侧。

⑤孟秋：农历秋季的三个月成为三秋，分别是孟秋七月、仲秋八月和季秋九月。胜境：佳境，优美之境，这里是好时节之意。

⑥三冬：农历冬天的三个月。

⑦致书邮：送信人。《世说新语·任诞》："殷洪乔（殷羡）作豫章郡，临去，都下人因附百许函书。既至石头，悉掷水中，因祝曰：'沉者自沉，浮者自浮，殷洪乔不能作致书邮。'"

⑧余生生：余畚（běn，1607—1685 年），字生生，号钝庵，四川青神人，著有《增益轩诗草》。

⑨雨粟：天上降下粟谷。

【译文】

我想给掌管下雨的神明写封信：春雨应该在元宵节之后开始下（观赏彩灯已经结束），停于清明前十天之内（春雨停止，桃花开了），或者谷雨节时也可以；夏天的雨应该下在每月的上弦之前以及下弦之后（免得妨碍观赏月亮）；秋雨应该下在孟秋和季秋的上下两旬（八月是赏月的最好时辰）；到了冬天的三个月，正好不需要下雨了。

【原评译文】

孔东塘说：您要是真写了这封信，我愿意做送信人。

余生生说：假如天上下的是粮食雨，就是从元旦下到除夕也不是不可以。

张竹坡说：这封信唯独不能寄给巫山雨师。

## 第三七则

【原文】

为浊富不若为清贫[1]，以忧生不若以乐死[2]。

【原评】

李圣许曰：顺理而生，虽忧不忧；逆理而死，虽乐不乐。

吴野人曰[3]：我宁愿为浊富。

张竹坡曰：我愿太奢，欲为清富，焉能遂愿？

【注释】

①浊富：为富不仁，贪婪而卑鄙。

②以忧生：指在忧患穷愁之中苟且偷生。

③吴野人：吴嘉纪（1618—1684年），字宾贤，号野人，江苏泰州（今江苏东台）人。少时从事盐场劳动，并勤学苦读。入清不仕，隐居泰州安丰盐场，与一些富有民族气节的人士交往。吴嘉纪工诗，其诗法孟郊、贾岛，语言简朴通俗，内容多反映百姓贫苦，以“盐场今乐府”诗闻名于世，著有《陋轩诗集》等。

【译文】

做一个心地不仁的富人，不如做一个有操守的穷人；在忧愁苦闷中生存，不如达观快乐地死去。

【原评译文】

李圣许说：顺应天理生活，虽然身处忧虑的境地也不感到忧虑；违逆天理而死，虽然快乐也不是真正的快乐。

吴野人说：我宁愿做一个心地不仁的富人。

张竹坡说：我的愿望太过奢侈，想要做一个有操守的富人，怎么才能够实现愿望呢？

## 第三八则

【原文】

天下唯鬼最富，生前囊无一文，死后每饶楮镪[①]；天下唯鬼最尊，生前或受欺凌，死后必多跪拜。

【原评】

吴野人曰：世于贫士，辄目为穷鬼，则又何也？

陈康畴曰[②]：穷鬼若死，即并称尊矣。

【注释】

①楮镪（chǔ qiǎng）：祭供时焚化用的纸钱。楮，树名，落叶乔木，树皮是制造桑皮纸和宣纸的原料，古人以此代称纸。镪，成串的钱，明清时多指银子或银锭。

②陈康畴：陈均，字康畴，安徽歙县人。著有《画眉笔谈》，记豢养画眉鸟之事。

【译文】

天下只有鬼最富有，生前袋子里没有一文钱，死后总有许多纸钱纸锭可供享用；天下只有鬼最尊贵，生前有的要受到欺侮凌辱，死后却必定被许多人跪拜。

【原评译文】

吴野人说：世间的人常常把贫穷的读书人视为穷鬼，这又是什么缘故呢？

陈康畴说：这些贫穷的读书人如果死了，立即被称道尊敬。

## 第三九则

【原文】

蝶为才子之化身[1]，花乃美人之别号[2]。

【原评】

张竹坡曰："蝶入花房香满衣"，是反以金屋贮才子矣[3]。

【注释】

①化身：指人或事物所转化的种种形象。这里用《庄子·齐物论》中"庄周梦蝶"的典故。

②别号：正名以外的名字、代称。

③金屋：化用古代"金屋藏娇"的典故。据说汉武帝刘彻封胶东王时曾表示若能娶阿娇为妻，就要让她住在金屋里。这里是戏用典故。

【译文】

蝴蝶是才子变成的，花朵是美人的另一种称号。

【原评译文】

张竹坡说："蝴蝶飞入花房中浑身沾满芳香"，这样反而是金屋藏才子了。

## 第四〇则

【原文】

因雪想高士，因花想美人，因酒想侠客，因月想好友，因山水想得意诗文。

【原评】

弟木山曰：余每见人一长一技，即思效之；虽至琐屑，亦不厌也。大约是爱博而情不专。

张竹坡曰：多情语，令人泣下。

尤谨庸曰：因得意诗文想心斋矣。

李季子曰[1]：此善于设想者。

陆云士曰：临川谓“想内成，因中见”[2]，与此相发。

【注释】

①李季子：即李淦。

②临川：指汤显祖（1550—1617年），明抚州府临川（今江西抚州）人，字义仍，号若士、清远道人、茧翁，明代杰出戏曲家。早有文名，不应首辅张居正延揽而四次落第，后又因不附权贵，被削职，遂辞官回家，专事写作。著有《紫钗记》《牡丹亭》《邯郸记》《南柯记》，合称“玉茗堂四梦”或“临川四梦”。另有诗文集《红泉逸草》《问棘邮草》《玉茗堂集》。想内成，因中见：指因想象而生，一切事都因缘而成。出自《牡丹亭·惊梦》【鲍老催】中的唱词：“这是景上

缘，想内成，因中见。”

【译文】

看到雪便想起隐逸的高洁之人，看到花便想到漂亮的女子，因为饮酒而想到豪爽的侠士，看到月亮而思念好友，看到高山流水而想起平生最满意的诗词文章。

【原评译文】

弟木山说：我每见到别人有一特长或一种技艺，便想要学习；即使极为琐碎也不厌烦，大概是爱好广博而用情不专一。

张竹坡说：这些多情的言语令人感动流泪。

尤谨庸说：因为有了满意的诗词文章而想念心斋。

李季子说：心斋是个善于想象的人。

陆云士说：汤显祖说“内心思想而成为形象，因此好像眼前看到一样”，同这些话相互阐发印证。

## 第四一则

【原文】

闻鹅声如在白门①，闻橹声如在三吴②，闻滩声如在浙江③，闻骡马项下铃铎声④，如在长安道上⑤。

【原评】

聂晋人曰⑥：南无观世音菩萨摩诃萨⑦！

倪永清曰：众音寂灭时⑧，又作么生话会⑨。

【注释】

①白门：南京的别名，南朝宋时都城在建康，其正南门为宣阳门，俗称

白门，故以此代称南京。因为南京鹅比较多，所以说听到鹅声如在南京。

②橹声：摇桨声。三吴：古地名，有四解：一曰吴郡、吴兴、会稽；一曰吴郡、吴兴、丹阳；一曰苏州、常州、湖州；一曰苏州、润州、湖州。

③滩：水中石头多、水势急的险恶之处。南朝梁元帝《巫山高》诗：“滩声下溅石，猿鸣上逐风。”浙江：即浙江，又名桐江，是钱塘江的古称，意为曲折的江水。

④铃铎（duó）：铃铛，此处指挂在牲畜脖子上的铃铛。

⑤长安：今陕西西安。长安为古都，骡马是这里的主要交通工具，驿路上车马很多。

⑥聂晋人：聂先，字晋人，号乐读居士，庐陵人，精佛学，为居士，曾编撰《续指月录》，又选有《百家名词》《唐人咏物诗》。

⑦南无观世音菩萨：观世音菩萨的名号，古人认为称念观音名号可以脱离苦厄与三毒。摩诃萨：“摩诃萨埵”或“摩诃萨陀”的简称，佛教名词，意译为大士、圣士、超士、高士等，指进入圣位的大菩萨，一般指七地以上的菩萨。

⑧寂灭：佛教用语，“涅槃”的意译，本指超脱生死的理想境界。《无量寿经》卷上：“超出世间，深乐寂灭。”这里是消灭、消逝之意。

⑨么生：什么。

**【译文】**

听到鹅声就好像身在南京城中，听到桨橹声就好像在三吴之境，听到湍急的滩头浪声就好像在浙江，听到骡马脖子下的铃铛响，就好像行走在长安的大道上。

**【原评译文】**

聂晋人说：归敬观世音菩萨发大善心的人。

倪永清说：当众多的声音都沉寂消逝的时候，又用什么样的话作答。

# 第四二则

【原文】

一岁诸节，以上元为第一，中秋次之，五日、九日又次之[①]。

【原评】

张竹坡曰：一岁当以我畅意日为佳节。

顾天石曰：跻上元于中秋之上，未免尚耽绮习[②]。

【注释】

①五日：指阴历五月初五的端午节。九日：指阴历九月初九的重阳节。

②耽：沉溺，沉迷于。绮习：浮艳的风习。

【译文】

一年之中的各种节日，我认为元宵节最好，中秋节略次，端午节和重阳节又更次些。

【原评译文】

张竹坡说：一年之中应当把

我心情舒畅、意气通达的日子作为最好的节日。

顾天石说：把元宵节放在中秋节的上面，未免有沉迷于浮艳的风习。

## 第四三则

【原文】

雨之为物，能令昼短，能令夜长。

【原评】

张竹坡曰：雨之为物，能令天闭眼，能令地生毛，能为水国广封疆[①]。

【注释】

①广：扩大，扩充。封疆：分封土地的疆界，疆土。

【译文】

雨这个东西，能使白天变短，也能让黑夜变长。

【原评译文】

张竹坡说：雨这个东西，能令天闭上眼睛，能让地上长出草木，能够把大地变成水泽，使疆域扩大。

## 第四四则

【原文】

古之不传于今者，啸也、剑术也、弹棋也、打毬也[①]。

【原评】

黄九烟曰：古之绝胜于今者，官妓、女道士也②。

张竹坡曰：今之绝胜于古者，能吏也、猾棍也、无耻也。

庞天池曰：今之必不能传于后者，八股也③。

【注释】

①啸：嘬口让气流通过舌端发出清越而悠长的声音，是古人的一种修炼方法。弹（tán）棋：也称为象棋，一种古老的弹局游戏，据说起于汉成帝时。方法是两人对局，用毛巾之类弹拨棋子。打毬（qiú）：蹴鞠或是马毬。蹴鞠是古代的一种踢球游戏。南朝梁宗懔《荆楚岁时记》中就有记载。马毬是古代一种在马上打球的运动，始于唐代，到明代还在流行。

②官妓：古代入乐籍供奉官员的妓女。官妓制度盛行于唐宋时，清康熙时废止此制。女道士：唐时称女冠，由官方给田，其身份有时类似于官妓。

③八股：明清科举考试的一种文体，也称制艺、制义、时艺、时文、八比文。八股文以四书的内容作题目，文章发端为破题、承题，后为起讲。由于其体式限制，影响自由发挥，被视为封建统治者扼杀人才、统治思想的工具。

【译文】

古代没流传到现在的东西：长啸、剑术、弹棋、打毬。

【原评译文】

黄九烟说：古代远胜于如今的东西，是官妓、女道士。

张竹坡说：现代远胜于古代的东西，是能干的官吏、狡猾的恶棍、无耻之徒。

庞天池说：现今必定不能传之于后世的东西，是八股文。

## 第四五则

【原文】

诗僧时复有之，若道士之能诗者，不啻空谷足音[①]，何也？

【原评】

毕右万曰：僧道能诗，亦非难事。但惜僧道不知禅玄耳。

顾天石曰：道于三教中[②]，原属第三，应是根器最钝人做[③]，那得会诗？轩辕弥明[④]，昌黎寓言耳[⑤]。

尤谨庸曰：僧家势利第一，能诗次之。

倪永清曰：我所恨者，辟谷之法不传[⑥]。

【注释】

①不啻（chì）：无异于，简直就是。空谷足音：空旷的山谷里听到人的脚步声，比喻稀少难得，极为可贵。

②三教：佛教传入我国后，称儒、道、释为“三教”。《北史·周本纪下》：“十二月癸巳，集群官及沙门道士等，帝升高座，辨释三教先后。以儒教为先，道教次之，佛教为后。”

③根器：佛教用语，指人的禀赋、气质。钝：笨拙。

④轩辕弥明：唐代衡山道士，据传住在衡湘间九十余年。滑稽多智，善诗。韩愈《石鼎联句诗序》说轩辕弥明诗高古出群，后人疑为寓言。事迹见《韩昌黎诗系年集释》卷八、《太平广记》卷五五引《仙传拾遗》。

⑤昌黎：即唐代文学家韩愈（768—824 年），字退之，河阳（今河南孟县）人，祖籍昌黎，世称韩昌黎。著有《昌黎先生集》。

⑥辟谷：古代道士用来修炼的一种方法，通常在辟谷期间不吃五谷，不吃用火烹制的食物，但仍食药物，并须兼做导引等功夫。

【译文】

以能作诗而出名的僧人时常有，但是身为道士又能写诗的人，就如同空山里的脚步声一样极其难得，这是为什么呢？

【原评译文】

毕右万说：僧人和道士能够写诗也并不是什么困难的事，只可惜僧人和道士并不懂得宗教的本职。

顾天石说：道教在三教之中原本就属于第三等，应该是禀赋最迟钝的人从事的，哪里会做诗？像轩辕弥明这种会联句作诗的道士，不过是昌黎先生寓言故事中虚构的人物罢了。

尤谨庸说：僧人最重势利，能写诗在其次。

倪永清说：我所遗憾的是道家辟谷这一修仙之术没有流传下来。

## 第四六则

【原文】

当为花中之萱草[①]，毋为鸟中之杜鹃[②]。

【注释】

①萱草：俗称金针菜、黄花菜，多年生宿根草本，花漏斗状，橘黄色或橘红色，无香气，可作蔬菜，或供观赏，根可入药。古人认为种植此草，可以使人忘忧，因称忘忧草。三国时嵇康的《养生论》中说："合欢蠲忿，萱草忘忧，愚智所共知也。"

②毋：勿，不要。杜鹃：又名杜宇、子规等。相传为古蜀王杜宇之魂所化。春末夏初，常昼夜啼鸣，其声哀切。白居易《琵琶行》："其间旦暮闻何物？杜鹃啼血猿哀鸣。"

【译文】

要做花中令人见之忘忧的萱草，不要做鸟中悲鸣啼泣的杜鹃。

## 第四七则

【原文】

物之稚者皆不可厌[①]，惟驴独否。

【原评】

黄略似曰[②]：物之老者皆可厌，惟松与梅则否。

倪永清曰：惟癖于驴者，则不厌之。

【注释】

①稚：幼小。

②黄略似：即黄周星。

【译文】

物类在幼小的时候都不会让人感到讨厌，只有驴不是。

【原评译文】

黄略似说：物类到老了以后都会让人讨厌，只有松树和梅树不是这样。

倪永清说：只有对驴有癖好的人不讨厌它。

# 第四八则

【原文】

女子自十四五岁至二十四五岁，此十年中，无论燕秦吴越[①]，其音大都娇媚动人。一睹其貌，则美恶判然矣[②]。“耳闻不如目见”，于此益信。

【原评】

吴听翁曰[③]：我向以耳根之有余，补目力之不足。今读此，乃知卿言亦复佳也。

江含徵曰：帘为妓衣[④]，亦殊有见。

张竹坡曰：家有少年丑婢者，当令隔屏私语，灭烛侍寝，何如？

倪永清曰：若逢美貌而声恶者，又当如何？

【注释】

①燕秦吴越：燕地即今河北一带，秦即今陕西一带，吴越即今江浙一带，这几个地方各在不同方位，泛指东西南北各地。

②判然：区分得清清楚楚。

③吴听翁：即吴绮。

④帘为妓衣：出自《梁书·夏侯亶传》："（亶）晚年颇好音乐，有妓妾十数人，并无被服姿容。每有客，常隔帘奏之，时谓帘为夏侯妓衣也。"后来即以"妓衣"为帘的异称。

【译文】

女子从十四五岁到二十四五岁这十年内，不论在燕地、秦地、吴地、越地哪个地方，她们的声音大多数都娇媚动听，然而一看她们的样子，那么美丑一下子就区别开了。听说不如眼见，由于上边这一原因，我更加相信这句话。

【原评译文】

吴听翁说：我一向用听到的去弥补不能亲眼看到的不足之处。如今读到这一则才知道您说的话是对的。

江含徵说：帘子是乐妓的衣裳，这话也非常有见地。

张竹坡说：家里有年轻貌丑的婢女，应当让她隔着屏风低声说话、熄灭蜡烛之后侍寝，怎么样？

倪永清说：假如遇到相貌美丽而声音难听的人，又该怎么办呢？

## 第四九则

【原文】

寻乐境，乃学仙[1]；避苦趣[2]，乃学佛。佛家所谓"极乐世界"者[3]，盖谓众苦之所不到也。

【原评】

江含徵曰：着败絮行荆棘中[4]，固是苦事；彼披忍辱铠者[5]，亦未得优游

自到也[⑥]。

陆云士曰：空诸所有，受即是空，其为苦乐，不足言矣。故学佛优于学仙。

【注释】

①学仙：学习修道成仙，这是道家的方式。

②苦趣（qū）：佛教中所说的地狱、饿鬼、畜生这三种恶道，是六道轮回中受苦的地方。也泛指苦处。趣，同“趋”。

③极乐世界：佛教中指有乐无苦的世界，音译为“须摩提”，又称“西方极乐世界”“安乐世界”“西方净土”“阿弥陀佛净土”，是佛教中阿弥陀佛成佛时，依因地修行所发四十八大愿所感之庄严、清净佛国净土。《阿弥陀经》载：“从是西方，过十万亿佛土，有世界名曰极乐。……其国众生，无有众苦，但受诸乐，故名极乐。”所以下文说“众苦之所不到也”。

④着败絮行荆棘中：穿着破旧的棉衣行走在荆棘之中，指辛苦沉重、牵绊众多的世俗生活。出自明代文学家袁宏道《孤山》：“孤山处士，妻梅子鹤，是世间第一种便宜人。我辈只为有了妻子，便惹许多闲事，撇之不得，傍之可厌，如衣败絮行荆棘中，步步牵挂。”

⑤忍辱铠：佛教用语，袈裟的别名，佛教认为忍辱能防一切外难，故以铠甲为喻。《法华经·持品》：“恶鬼入其身，骂詈毁辱我。我等敬信佛，当着忍辱铠。”也简称“忍铠”。《大智度论》中有：“忍铠心坚固，精进弓力强。”

⑥优游自到：悠游自若，闲适自在。

【译文】

想要寻找快乐的境地就去学习道家神仙术；想要逃避苦难之地就去学佛法。佛教所说的极乐世界，是各种苦难都不能到达的地方。

【原评译文】

江含徵说：穿着破烂的衣服行走在荆棘丛中，固然是痛苦的事；那些披着忍受欺辱的铠甲在此行走的人，也没有得到从容自在的境界。

陆云士说：将一切视为虚空，所承受的就是虚空，所谓苦与乐，更不足说。所以学佛比学仙好。

# 第五〇则

【原文】

富贵而劳悴，不若安闲之贫贱；贫贱而骄傲[①]，不若谦恭之富贵。

【原评】

曹实庵曰[②]：富贵而又安闲，自能谦恭也。

许师六曰[③]：富贵而又谦恭，乃能安闲耳。

张竹坡曰：谦恭安闲，乃能长富贵也。

张迂庵曰：安闲乃能骄傲，劳悴则必谦恭。

【注释】

①贫贱而骄傲：《史记·魏世家》中有“贫贱者骄人”之语，指对权势富贵轻蔑藐视。

②曹实庵：曹贞吉（1634—1698年），字升六，号实庵，安丘县城东关（今属山东）人，清代著名词人。康熙三年（1644）进士，历任户部员外郎、礼部郎中、湖广提学佥事等，晚年以疾辞湖广学政，归里卒。著有《珂雪集》及《珂雪二集》各一卷，《朝天集》《鸿爪集》《黄山纪游诗》各一卷，《珂

雪词》两卷。

③许师六：许承家，字师六，号来庵、猎微阁，江苏扬州人。康熙二十四年（1685）进士，官翰林院编修。与兄承宣齐名，著有《猎微阁诗集》。

【译文】

虽然富贵却忧劳憔悴，倒不如贫贱而自在悠闲；虽然贫贱却骄傲自大，倒不如富贵而谦逊恭敬。

【原评译文】

曹实庵说：富有尊贵而又自在悠闲，自然能够谦虚恭敬。

许师六说：富贵而又谦虚恭敬，才能安然悠闲啊。

张竹坡说：谦虚恭敬而悠闲自在，才能长久富贵。

张迂庵说：自在悠闲才会骄傲自大，忧劳憔悴则必然谦虚恭谨。

## 第五一则

【原文】

目不能自见，鼻不能自嗅，舌不能自舐[①]，手不能自握，惟耳能自闻其声。

【原评】

弟木山曰：岂不闻“心不在焉”“听而不闻”乎[②]？兄其诳我哉。

张竹坡曰：心能自信。

释师昂曰[③]：古德云[④]：眉与目不相识，只为太近。

【注释】

①舐（shì）：舔。

②心不在焉、听而不闻：《大学》中有“心不在焉，视而不见，听而不闻，食而不知其味”。后来以“听而不闻”谓听了与没听见一样，形容不重视或漠不关心。看上去在听，实际上没听见。形容心不在焉，神不专注。

③释师昂：不详。

④古德：佛教徒对年高有道的高僧的尊称。《景德传灯录·诸方广语》：“先贤古德，硕学高人，博达古今，洞明教网。”

【译文】

眼睛不能自己看到自己，鼻子不能自己嗅到自己，舌头不能自己舔到自己，手不能自己握住自己，只有耳朵能够听到自己发出的声音。

【原评译文】

弟木山说：难道没听说“心不在焉”、“听而不闻”的话吗？老兄你这是在诳骗我吧。

张竹坡说：心能够自己相信自己。

释师昂说：有高僧说：眉毛和眼睛相互不认识，只是因为离得太近了。

## 第五二则

【原文】

凡声皆宜远听，惟听琴则远近皆宜。

【原评】

王名友曰：松涛声、瀑布声、箫笛声、潮声、读书声、钟声、梵声[1]，皆宜远听。惟琴声、度曲声、雪声[2]，非至近，不能得其离合抑扬之妙[3]。

庞天池曰：凡色皆宜近看，惟山色远近皆宜。

【注释】

①梵声：指念佛诵经的声音。南朝梁武帝《和太子忏悔》诗："缭绕闻天乐，周流扬梵声。"

②度曲：指按曲谱唱曲。汉代张衡《西京赋》："度曲未终，云起雪飞。"

③抑扬：指音调有节奏地变化。

【译文】

所有的声音都适宜在远处听，只有听弹琴的声音无论远处和近处都很适宜。

【原评译文】

王名友说：松涛的声音、瀑布的声音、箫笛的声音、潮水的声音、读书的声音、钟声、念经的声音，都适合在远处听。只有琴声、唱曲声、落雪声，非得在近处才能领会它那高低节奏变化的美妙之处。

庞天池说：各种颜色都适合在近处观看，只有山色或远或近观看都合适。

# 第五三则

【原文】

目不能识字，其闷尤过于盲；手不能执管[①]，其苦更甚于哑。

【原评】

陈鹤山曰：君独未知今之不识字、不握管者，其乐尤过于不盲不哑者也。

【注释】

①执管：握笔写字。管：笔管，代指毛笔。

【译文】

如果眼睛不认识文字，这就比瞎了还令人苦闷；如果手不能握笔写字，那么就比哑巴更苦恼。

【原评译文】

陈鹤山说：您难道不知道如今不识字、不会写字的人，他们比那些不瞎不哑的人更快乐。

# 第五四则

【原文】

并头联句[①]，交颈论文[②]，宫中应制[③]，历使属国[④]，皆极人间乐事。

【原评】

狄立人曰[5]：既已并头交颈，即欲联句论文，恐亦有所不暇。

汪舟次曰[6]：历使属国，殊不易易。

孙松坪曰：邯郸旧梦[7]，对此惘然。

张竹坡曰：并头交颈，乐事也；联句论文，亦乐事也。是以两乐并为一乐者，则当以两夜并一夜方妙。然其乐一刻，胜于一日矣。

沈契掌曰[8]：恐天亦见妒。

【注释】

①并头：指头并排靠在一起。联句：古代的作诗方式之一，由两人或多人各成一句或几句，合而成篇，旧时多出现于宴席及朋友间酬应。

②交颈：脖子紧紧依偎。并头、交颈，都是比喻男女亲昵无间，这里指夫妇情投意合、情趣高雅，以谈论诗文为乐。

③应制：特指应帝王之命、按一定的题目或要求写作诗文，称为应制诗，内容多为歌功颂德。

④历使属国：奉命出使各国。历使，奉命出使。属国，古时附属于宗主国的国家，这里指边远的地方。

⑤狄立人：狄亿，字立人，号向涛，号洮湖渔子，江苏溧阳人，康熙三十年（1691）进士，官翰林院庶吉士，著有《洮湖渔子集》《菊社约》等。

⑥汪舟次：汪楫（1636—1699 年，一说 1626—1689 年），字舟次，又字耻人，号悔斋，仪征（今属江苏）籍休宁（今属安徽）人，寄籍江苏江都。康熙十八年（1679）举博学鸿词科，列一等，授翰林院检讨，纂修《明史》。康熙二十一年（1682）充册封琉球正使，退回馈赠，琉球国人建却金亭以纪念。历官河南府知府、福建按察使、福建布政使，以疾告归。著有《崇祯长编》《悔庵集》《使琉球杂录》《册封疏钞》《观海集》等。

⑦邯郸旧梦：指黄粱梦，出自唐传奇，本指虚幻之事，唐代沈既济有《枕中记》，载卢生在邯郸客店中遇道士吕翁，用其所授瓷枕，睡梦中历数十年富贵荣华。及醒，店主炊黄粱未熟。此处指过去经历的事，孙松坪曾于康熙十七年（1678）充副使出使朝鲜，所以有此议论。

⑧沈契掌：沈思伦，字契掌，号闲吾子，安徽池州人。

【译文】

大家一起联句作诗，脖子挨着脖子共论文章，在宫中奉旨作诗，多次出使属国，这些都是人世间最快乐的事。

【原评译文】

狄立人说：既然已经头并头脖子挨着脖子，即便想要联句作诗讨论文章，只怕也顾不上啊。

汪舟次说：多次出使属国太不容易了。

孙松坪说：像黄粱梦一样的经历，对这些事情都不感兴趣。

张竹坡说：头并头脖子挨着脖子是快乐的事；联句作诗讨论文章是快乐的事，将两种乐事合为一件乐事，则应当将两夜并为一夜才妙。然而其一刻的乐趣，已经胜于一天了。

沈契掌说：恐怕上天看到这样的快乐也要妒忌了。

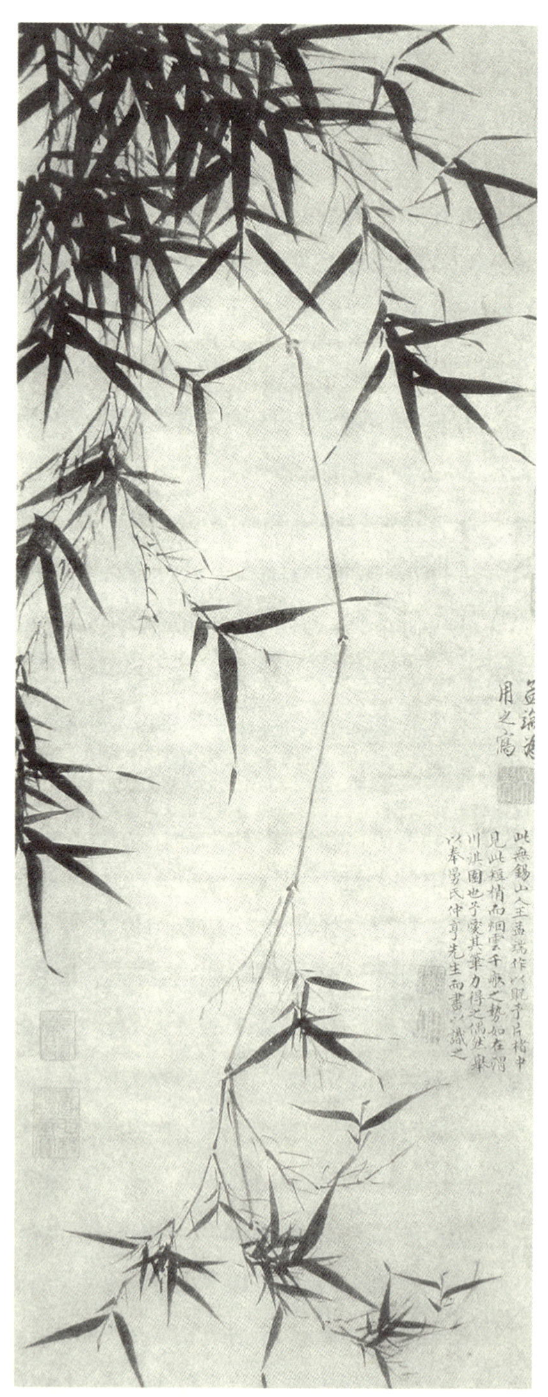

# 第五五则

【原文】

《水浒传》武松诘蒋门神云[①]：“为何不姓李?”此语殊妙，盖姓实有佳有劣。如华、如柳、如云、如苏、如乔，皆极风韵；若夫毛也、赖也、焦也、牛也，则皆尘于目而棘于耳者也[②]。

【原评】

先渭求曰[③]：然则君为何不姓李耶?

张竹坡曰：止闻今张昔李，不闻今李昔张也。

【注释】

①武松诘（jié）蒋门神：出自《水浒传》第二十九回的“施恩重霸孟州道，武松醉打蒋门神”，武松为替施恩夺回快活林，去店中挑衅，借问姓而无理取闹，对方回答“姓蒋”，武松就故意问“却如何不姓李”。

②尘于目：沙子进入了眼睛中。棘于耳：荆棘刺入了耳朵里。两者都是很难受的事情。

③先渭求：先著，字渭求，又字染庵，号蠲斋，又号迂夫、盍旦子，四川泸州人，清代书画家。学极博洽，善画山水、花卉、人物，极有法度。著有《劝影堂词》《息柯杂著》《益州书画录续编》等，又与程洪合纂《词洁辑评》。

【译文】

《水浒传》中武松质问蒋门神说：“你为什么不姓李?”这话问得非常妙。因为人的姓氏的确有好有坏。比如华、柳、云、苏、乔等姓，都特别有风韵；如像姓毛、赖、焦、牛等姓，看起来就像沙子进入眼睛、听起来就像荆棘扎

入耳中一样令人不舒服。

【原评译文】

先渭求说：那您为什么不姓李呢？

张竹坡说：只听说过现在姓张好，过去姓李好，没有听说过现在姓李好，过去姓张好。

## 第五六则

【原文】

花之宜于目而复宜于鼻者[①]，梅也、菊也、兰也、水仙也、珠兰也、莲也[②]。止宜于鼻者，橼也、桂也、瑞香也、栀子也、茉莉也、木香也、玫瑰也、腊梅也[③]。余则皆宜于目者也。花与叶俱可观者，秋海棠为最，荷次之，海棠、酴醾、虞美人、水仙又次之[④]。叶胜于花者，止雁来红、美人蕉而已[⑤]。花与叶俱不足观者，紫薇也、辛夷也[⑥]。

【原评】

周星远曰：山老可当花阵一面[⑦]。

张竹坡曰：以一叶而能胜诸花者，此君也[⑧]。

【注释】

①宜于目而复宜于鼻：指既有适宜观赏的外形又有适合闻嗅的香气。

②珠兰：又名珍珠兰、金粟兰，因其蓓蕾如珠，所以被称为珠兰，其香气浓郁。清代钱谦益的《代怀长姑夫人》诗："绕径珠兰冲雪放，编篱茉莉逆风香。"

③橼（yuán）：香橼，又称枸橼、香圆，是芸香科柑橘属的植物，花、叶、果俱香，其果实俗称佛手柑。瑞香：植物名，也称睡香，常绿灌木，叶

为长椭圆形。春季开花，花集生顶端，有红紫色或白色等，有浓香。木香：又名蜜香、云木香、南木香、广木香等，菊科，多年生观赏植物。春末夏初开白色或黄色花，香气馥郁。

④酴醾（tú mí）：也称荼蘼、佛见笑等，落叶灌木，以地下茎繁殖。荼蘼花在春季末夏季初开花，凋谢后即表示花季结束，所以有完结的意思。宋代王琪的《春暮游小园》诗有“开到荼蘼花事了”之句。虞美人：别称丽春花、锦被花等，有红、紫、白等花色，花形美观。

⑤雁来红：又名后庭花，一年生草本，近顶上的叶有红、黄、紫等色。秋季开花，供观赏，亦可食用或供药用。明代李时珍《本草纲目·草四·雁来红》：“茎叶穗子并与鸡冠同。其叶九月鲜红，望之如花，故名。吴人呼为‘老少年’。”

⑥紫薇：俗称百日红，落叶小乔木，树皮滑泽，夏、秋之间开花，淡红紫色或白色，其花瓣细碎。辛夷：一名木笔，香木名，花香浓郁，春季开花，即木兰，但古时有时也指玉兰。

⑦花阵：指花木的行列。唐代司空图《力疾山下吴村看杏花》诗云：“浮世荣枯总不知，且忧花阵被风欺。”

⑧此君：指竹子，用王羲之“何可一日无此君”之典。

【译文】

花木之中既好看又好闻的有：梅花、菊花、兰花、水仙花、珠兰、莲花。只好闻的有：香橼、桂花、瑞香花、栀子花、茉莉花、木香花、玫瑰花、腊梅花。其余的就都是适宜观赏的。花和叶都值得观赏的，秋海棠最佳，荷花略逊，海棠、酴醿、虞美人、水仙花又略次一些。叶子比花好看的，只有雁来红、美人蕉罢了。至于花和叶都不值得看的，是紫薇花和辛夷花。

【原评译文】

周星远说：如果摆花阵，张先生可以抵挡一面。

张竹坡说：能单靠叶子而胜过各种花的是竹子。

## 第五七则

【原文】

高语山林者[①]，辄不善谈市朝事[②]，审若此[③]，则当并废《史》《汉》诸书而不读矣[④]。盖诸书所载者，皆古之市朝也。

【原评】

张竹坡曰：高语者，必是虚声处士[⑤]；真入山者，方能经纶市朝[⑥]。

【注释】

①高语山林：指高谈阔论山林隐居一类清高的事情。

②市朝：市，指进行买卖交易的地方，朝是朝廷官府，这些都是争名夺利的地方。

③审：果真，确实。

④《史》《汉》：《史记》和《汉书》，此处用来泛指史书。

⑤虚声处士：徒有虚名却并非真正清高避世的隐士。

⑥经纶：整理思虑，引申为筹划国家大事。

【译文】

高谈阔论隐逸山林的人，总是不喜欢谈论市井、朝廷争名夺利的俗事。事情果真如此的话，那么便应该废弃《史记》《汉书》等书不去读它。因为这类书所记载的，都是古代市井、朝廷的事情。

【原评译文】

张竹坡曰：高谈阔论的人，一定是徒有虚名却并非真正避世的隐士，真正能够隐居山中的隐士才能够在朝中谋划国家大事。

## 第五八则

【原文】

云之为物，或崔巍如山[①]，或潋滟如水[②]，或如人，或如兽，或如鸟毳[③]，或如鱼鳞。故天下万物皆可画，惟云不能画。世所画云，亦强名耳[④]。

【原评】

何蔚宗曰[⑤]：天下百官皆可做，惟教官不可做，做教官者[⑥]，皆谪戍耳。

张竹坡曰：云有反面正面，有阴阳向背，有层次内外，细观其与日相映，则知其明处乃一面，暗处又一面。尝谓古今无一画云手，不谓《幽梦影》中先得我心。

【注释】

①崔巍：高峻的样子。

②潋滟（liàn yàn）：水波荡漾的样子。

③鸟毳（cuì）：鸟兽的细毛。

④强名：勉强称为，虚名。语出《老子》：“吾不知其名，字之曰道，强为之名曰大。”

⑤何蔚宗：不详。

⑥教官：古代掌管学务的官员。

【译文】

云作为一种物体，有时像高峻的山峰，有时像波光闪烁的水，有时像人，有时像野兽，有时像鸟的羽毛，有时像鱼鳞。所以世界上什么东西都可以画，只有云不能画。世间所画的云，都是勉强称为云罢了。

【原评译文】

何蔚宗说：天下百官都可以做，只有掌管学务的官不能做，做这种官的人都被贬谪防守边疆了。

张竹坡说：云有反面正面，有背阴向阳，有内层外层，仔细看它和太阳相映时的样子，就可以知道它的明处是一面，暗处又是一面。我曾经说古今没有一个画云的高手，不料《幽梦影》中对云的一番论述先写出了我的心思。

## 第五九则

【原文】

值太平世[①]，生湖山郡[②]；官长廉静[③]，家道优裕；娶妇贤淑，生子聪慧。人生如此，可云全福。

【原评】

许筱林曰[④]：若以粗笨愚蠢之人当之，则负却造物。

江含徵曰：此是黑面老子要思量做鬼处[⑤]。

吴岱观曰[⑥]：过屠门而大嚼，虽不得肉，亦且快意。

李荔园曰⑦：贤淑聪慧，尤贵永年，否则福不全。

【注释】

①值：遇上。

②湖山郡：有山有水、自然条件比较优越的郡县。

③官长：旧时行政单位的主管官吏。廉静：形容品德高尚，廉洁奉公、不大肆铺张。

④许篠（xiǎo）林：许楚（1605—1676年），字芳城，号旅亭、篠林，又号青岩先生，安徽歙县人。工诗文。晚年失明，著有《青岩集》。

⑤黑面老子：指修行时身体虚弱的佛祖释迦牟尼。

⑥吴岱观：吴山涛（1624—1710年），字岱观，号塞翁，清初书画家，安徽歙县人。崇祯举人，清初官甘肃同谷知县，有政声。以建少陵七歌堂被诬。罢官后，浮家泛宅，浪游苕霅，老于吴山。工诗、书、画，著有《塞翁集》。

⑦李荔园：不详。

【译文】

遇上太平社会，出生在山清水秀的地方；地方官员廉洁清净，家境优渥富裕；娶的妻子贤惠贞洁，生的孩子聪明智慧。人生如能这样，可以说是福气完备齐全，没有遗憾了。

【原评译文】

许篠林说：如果让粗劣愚笨的人担当这些，那么就辜负了上天的一番美意。

江含徵说：这是身体虚弱的释迦牟尼思量做鬼后的处境。

吴岱观说：路过屠夫的门口而大口咬嚼，虽然得不到肉，但也心情舒畅。

李荔园说：贤淑聪慧的人，尤其要长寿，不然就不算福气完备齐全。

## 第六〇则

【原文】

天下器玩之类，其制日工[①]，其价日贱，毋惑乎民之贫也[②]。

【原评】

张竹坡曰：由于民贫，故益工而益贱。若不贫，如何肯贱？

【注释】

①其制日工：其制作越来越精细。

②毋惑：难怪。

【译文】

世上可供欣赏把玩的物品制作得越来越精细，而它们的价格却一天比一天便宜，难怪老百姓会如此贫穷呢。

【原评译文】

张竹坡说：因为百姓越来越贫穷，所以器物制工越来越精细，而价格越来越便宜。百姓要是不穷，怎么肯价格很低就卖出去呢？

# 第六一则

【原文】

养花胆瓶[①]，其式之高低大小，须与花相称；而色之浅深浓淡，又须与花相反。

【原评】

程穆倩曰[②]：足补袁中郎《瓶史》所未逮[③]。

张竹坡曰：夫如此，有不甘去南枝而生香于几案之右者乎[④]？名花心足矣。

王宓草曰[⑤]：须知相反者，正欲其相称也。

【注释】

①胆瓶：花瓶的一种，因长颈大腹、形如悬胆而得名。

②程穆倩：程邃（1605—1691 年），字穆倩，又字朽民，号垢区、垢道人、青溪朽民等，又自署江东布衣、野合道者，明末清初安徽歙县人。曾久居南京，明亡后一直侨寓扬州。康熙年间举博学鸿词，不就试，以处士终。擅长金石考证，又具铜玉器鉴赏力，富于收藏，博学工诗文，于丹青造诣亦深，善用枯笔干皴法写山水，特有神韵。著有《会心吟》《萧然吟》等。

③袁中郎：袁宏道（1568—1610 年），字中郎，号石公，明代公安（今属湖北）人，与兄袁宗道、弟袁中道并有才名，人称“三袁”，三袁及其追随者文学史称“公安派”。《瓶史》：袁宏道所作，是记述插花艺术的专著，书中从鉴赏角度论述了花瓶、瓶花及其插法。未逮：不及，没有达到。

④去南枝：离开向阳生长的枝条。

⑤王宓草：王蓍（1649—1737 年），是王概的弟弟，王臬的兄长，原名王尸，字宓草，号湖村，秀水（今浙江嘉兴）人，居金陵（今江苏南京），与王概均不入仕，布衣一生。其山水得黄公望笔意，善花卉、翎毛，兼工书

法、篆刻，与兄王臬可并驱，人以元方、季方目之。

【译文】

插花的胆形花瓶，其款式的高低大小必须与所插之花的样子相匹配；而花瓶颜色的深浅浓淡，又必须与花的颜色相反。

【原评译文】

程穆倩说：这番话足以补充袁宏道《瓶史》中的不及之处。

张竹坡说：这样的话，就没有不甘心离开朝南的树枝而在书桌右角散发香气了。那些品种高贵的花卉也就心满意足了。

王宓草说：应当知道花瓶的颜色与花的颜色相反，正是为了使它们互相配衬。

## 第六二则

【原文】

春雨如恩诏[①]，夏雨如赦书[②]，秋雨如挽歌[③]。

【原评】

张谐石曰[④]：我辈居恒苦饥，但愿夏雨如馒头耳。

张竹坡曰：赦书太多，亦不甚妙。

【注释】

①恩诏：帝王降恩时所下的诏书，形容春雨珍贵而令人欣喜。

②赦书：免除罪行的文书，形容夏天的雨酣畅淋漓。

③挽歌：古代送葬时所唱的哀悼死者的丧歌，形容秋雨萧索缠绵。

④张谐石：张韵，字谐石，号浮丘，扬州人。为落拓贫士，工诗，亦工书画，著有《城东草堂集》，石涛曾为其作《山水人物图》。

【译文】

春天的雨像皇帝加恩于百姓的圣旨，夏天的雨像天下大赦的诏书，秋天的雨如同送葬的挽歌。

【原评译文】

张谐石说：我们这些人常年受苦挨饿，只希望夏天的雨像馒头一样聊以充饥就行了。

张竹坡说：大赦天下的诏书太多了，也不是好事。

## 第六三则

【原文】

十岁为神童，二十三十为才子，四十五十为名臣，六十为神仙，可谓全人矣。

【原评】

江含徵曰：此却不可知，盖神童原有仙骨故也。只恐中间做名臣时，堕落名利场中耳。

杨圣藻曰[①]：人孰不想，难得有此全福。

张竹坡曰：神童才子，由于己，可能也；臣由于君，仙由于天，不可必也。

顾天石曰：六十神仙，似乎太早。

【注释】

①杨圣藻：杨衡选，字圣藻，安徽泾阳人，《虞初新志》中收录了他的《记盗》一文。

【译文】

人在十岁的时候是神童，二十岁到三十岁的时候是才子，四十岁到五十岁的时候成为政绩突出的大臣，六十岁的时候过上神仙一样悠闲的日子，可以算是一位完美的人了。

【原评译文】

江含徵说：这种说法是不可以预知的。因为神童原本就具有仙骨的缘故。只怕四十岁到五十岁做名臣的时候，堕落入世俗的追名逐利中罢了。

杨圣藻说：谁人不想有这种愿望，只是很难得到这种十全十美的福气。

张竹坡说：成为神童和有才华的人是由自己决定的，只要努力，就有可能实现。成为辅国大臣是由皇帝决定的，成为得道的神仙是由上天决定的，不可能一定会实现。

顾天石说：六十岁成为超脱尘世的神仙好像太早了吧。

## 第六四则

【原文】

武人不苟战[①]，是为武中之文；文人不迂腐[②]，是为文中之武。

【原评】

梅定九曰[③]：近日文人不迂腐者颇多，心斋亦其一也。

顾定天曰[④]：然则心斋直谓之武夫可乎？笑笑。

王司直曰：是真文人，必不迂腐。

【注释】

①不苟战：不随便开战，不轻易用兵。

②迂腐：指言谈、行为拘泥于旧准则，不适应时代潮流。

③梅定九：梅文鼎（1633—1721年），字定九，号勿庵，宣城（今安徽宣州）人。清初著名数学家，通天文、历算之学，被誉为“历算第一名家”。梅文鼎一生博览群书，著述八十余种。明末清初西方科学知识的传入，对梅文鼎产生了巨大影响。康熙四十一年（1702），大学士李光地向康熙帝推荐其著作《历学疑问》，康熙帝大为折服，次年南巡，特召至龙舟中聊天，并亲书“积学参微”四字，表彰他在天文、数学方面的深厚造诣。又赐梅文鼎的长孙梅瑴成进士出身，入值南书房。梅文鼎去世之后，后人将其历法、数学著述汇为《梅氏丛书辑要》《梅勿庵先生历算全书》等，诗文杂著则有《绩学堂文钞》《绩学堂诗钞》。

④顾定天：不详。

【译文】

从事军事活动的人不随便打仗作战，可算是武将中的文士；从事读书做文章的人不刻板拘泥，可算是文人中的武者。

【原评译文】

梅定九说：现在不刻板迂腐的文人有很多，张先生也是其中之一。

顾定天说：然而直接称张先生为武夫可以吗？只会令人发笑。

王司直说：真正的读书做文章的人一定不拘泥于陈旧的准则。

# 第六五则

【原文】

文人讲武事，大都纸上谈兵；武将论文章，半属道听途说。

【原评】

吴街南曰：今之武将讲武事，亦属纸上谈兵。今之文人论文章，大都道听途说。

【译文】

读书做文章的人谈论军事，大多数都像赵括一样纸上谈兵，脱离实际；带兵打仗的将领谈论文章，大部分都是道听途说，一知半解。

【原评译文】

吴街南说：现在带兵打仗的将领论用兵作战也属于纸上谈兵；现在读书做文章的人评论文章大部分都是道听途说，一知半解。

# 第六六则

【原文】

斗方止三种可存[①]。佳诗文一也，新题目二也，精款式三也。

【原评】

闵宾连曰[②]：近年斗方名士甚多[③]，不知能入吾心斋彀中否也[④]？

【注释】

①斗方：书画所用的一尺见方的纸。也指一尺见方的册页书画。清李渔《闲情偶寄·器玩·屏轴》："十年之前，凡作围屏及书画卷轴者，止有中条、斗方及横批三式。"

②闵宾连：闵麟嗣（1628—1701年），字宾连，号橄庵，安徽歙县人，寓居扬州，清代著名学者、旅行家。他喜游历吟咏，每至一地，均有纪游诗。著有《庐山集》《黄山松石谱》《黄山志》《植学草堂诗存》等。

③斗方名士：好在斗方上写诗或作画以标榜的"名士"，指冒充风雅的人。

④彀（gòu）中：弓箭射程所及的范围，比喻圈套、牢笼之中。

【译文】

一尺见方的册页书画只有三种可以保存。一是好的诗词文章，二是新颖的命题，三是精美的落款和式样。

【原评译文】

闵宾连说：近年来自命风雅的无聊文人有很多，不知道能不能进入张先生的欣赏范围？

# 第六七则

【原文】

情必近于痴而始真，才必兼乎趣而始化①。

【原评】

陆云士曰：真情种，真才子，能为此言。

顾天石曰：才兼乎趣，非心斋不足当之。

尤慧珠曰：余情而痴则有之，才而趣则未能也。

【注释】

①趣：趣味，情趣。化：化境，指造诣很高的精妙境界。

【译文】

情感一定要接近于痴迷的程度才是真的，才华必须加上情趣方能臻于化境。

【原评译文】

陆云士说：真正有情的人、真正有才华的人才能说出这种话来。

顾天石说：有才华同时又有趣味，除了张先生都不足以当得起。

尤慧珠说：我的情感接近于痴迷的程度是有的，但有才华兼有趣味则不能做到啊。

# 第六八则

【原文】

凡花色之娇媚者，多不甚香；瓣之千层者，多不结实[①]。甚矣，全才之难也！兼之者，其惟莲乎？

【原评】

殷日戒曰：花叶根实，无所不空，亦无不适于用，莲则全有其德者也。

贯玉曰[②]：莲花易谢，所谓有全才而无全福也。

王丹麓曰[③]：我欲荔枝有好花，牡丹有佳实，方妙。

尤谨庸曰：全才必为人所忌，莲花故名君子。

【注释】

①结实：结出果实。

②贯玉：不详。

③王丹麓：王晫（zhuó）（1636—?），初名棐，号丹麓、木庵、松溪子等，浙江钱塘人。顺治四年（1647）秀才。后弃举业，市隐读书，广交宾客。他热心于刻书出版，与张潮合编了《檀几丛书》及《昭代丛书》的甲、乙、丙集。著有《遂生集》《霞举堂集》《今世说》《墙东草堂词》等。

【译文】

凡是颜色娇艳妩媚的花，大多不太香；花瓣层层叠叠的，大多不结果实。要求样样都做到实在是太难了！花的颜色既好看，又香，果实又能食用的，恐怕只有莲花吧？

【原评译文】

殷日戒说：花、叶、根、果实无处不是空的，也没有什么部位不适合于用的，莲花全部具有这些高贵品德啊。

贯玉说：莲花容易凋谢，所谓有全面的才能而没有完全的福运。

王丹麓说：我想让荔枝有好看的花朵，牡丹有美味的果实，这样才美妙啊。

尤谨庸说：具有完备的才能一定会被人妒忌；莲花因此被称为品格高尚的君子。

## 第六九则

【原文】

著得一部新书，便是千秋大业；注得一部古书，允为万世宏功①。

【原评】

黄交三曰：世间难事，注书第一。大要于极寻常书，要看出作者苦心。

张竹坡曰：注书无难，天使人得安居无累，有可以注书之时与地为难耳。

【注释】

①允：确实。

【译文】

写出一部具有独特见解的著作，便是做了件千古流芳的大事业；注解完一部古代的书籍，诚然有福泽万世的大功劳。

【原评译文】

黄交三说：人世间的困难事，校注书籍为第一。重要的是在极为寻常的地方，要体察出作者的良苦用心。

张竹坡说：校注书籍没有什么困难的，上天让人生活安稳也不劳累，只是有合适用来校注书籍的时间与地方较为困难罢了。

## 第七〇则

【原文】

延名师训子弟[①]，入名山习举业[②]，丐名士代捉刀[③]，三者都无是处。

【原评】

陈康畴曰：大抵名而已矣，好歹原未必着意。

殷日戒曰：况今之所谓名乎？

【注释】

①延：延请，引进。训：教导。

②举业：举子业，为应科举考试而准备的学业。明清时专指八股文。

③丐：请求，乞求。捉刀：替别人写文章。据《世说新语》记载，曹操让相貌堂堂的崔珪冒充自己接见匈

奴来使，自己持刀站立床头，匈奴使者称赞“床头捉刀者，此乃英雄也”，后因称代人作文或顶替人做事为“捉刀”。

【译文】

延请有名望的老师教导年轻后辈，赴名山学习准备应科举考试的学业，乞求知名文人替自己写文章，这三项事都没有值得肯定的地方。

【原评译文】

陈康畴说：大致说来只是求名声罢了，名声的好与坏原本就没有必要刻意追求。

殷日戒说：何况是今天所谓的名声啊！

## 第七一则

【原文】

积画以成字[①]，积字以成句，积句以成篇，谓之文。文体日增，至八股而遂止。如古文，如诗，如赋，如词，如曲，如说部[②]，如传奇小说，皆自无而有。方其未有之时，固不料后来之有此一体也；逮既有此一体之后[③]，又若天造地设，为世必应有之物。然自明以来，未见有创一体裁新人耳目者。遥计百年之后[④]，必有其人，惜乎不及见耳。

【原评】

陈康畴曰：天下事从意起，山来今日既作此想，安知其来生不即为此辈翻新之士乎？惜乎今人不及知耳。

陈鹤山曰：此是先生应以创体身得度者[⑤]，即现创体身而为设法。

孙恺似曰：读《心斋别集》，拈四子书题，以五七言韵体行之，无不入妙，叹其独绝。此则直可当先生自序也。

张竹坡曰：见及于此，是必能创之者，吾拭目以待新裁。

【注释】

①画：笔画。成字：构成文字。

②说部：指古代小说、笔记、杂著一类的书籍。

③逮（dài）：等到。

④遥计：遥想，估计。

⑤创体：谓在诗词体裁或格律方面进行创新。

【译文】

积累笔画用来构成文字，积累文字用来构成语句，积累语句汇聚而成篇章，称之为文章。文章的体裁不断丰富增加，发展到八股文时便停止了。像散体文、诗、赋、词、曲、笔记杂著、传奇小说，都是从没有到有。当一种文体还没有形成的时候，当然不会料想到后来会有这种文体；等到已经有了这种文体之后，又好像天造地设一样，成为人世间一定应该具有的东西。然而自从明朝以来，没有见到有创造一种新文体，能让人耳目一新的。估计在遥远的百年之后，一定会有创造新体裁的人，遗憾的是我等不及看到了。

【原评译文】

陈康畴说：天下的事情都是从愿望开始，张先生今天既然有这种想法，怎么知道来生不会是这创新的人呢？可惜今天的人等不及知道罢了。

陈鹤山说：这是张先生应该以创新体裁者而得以超度，就会以创新体裁者出现于世并为之设立规范。

孙恺似说：读张先生的诗文集，选取四子书题，用五言七言的韵体行文，无不精妙，令人感慨这是独一无二的绝作。上面的议论就可以直接当张先生的自序了。

张竹坡说：见识到达这种境界，可见是必然能够创新文体的人，我擦亮眼睛等待新体裁的出现。

# 第七二则

【原文】

云映日而成霞，泉挂岩而成瀑，所托者异，而名亦因之①。此友道之所以可贵也②。

【原评】

张竹坡曰：非日而云不映，非岩而泉不挂，此友道之所以当择也。

【注释】

①因：跟着，随之而变化。因为所依托的对象不同，名称也随之变化，云变成霞，泉变成瀑。

②友道：指与朋友交往的准则。东汉孔融《论盛孝章书》："公诚能驰一介之使，加咫尺之书，则孝章可致，友道可弘矣。"

【译文】

白云在太阳的照射下变为彩霞，泉水因悬挂在岩石上而变成瀑布，它们所依托的对象不同，因此名称也随之不一样。这就是交朋友的可贵之处。

【原评译文】

张竹坡说：没有太阳，云彩不会被映射；没有岩石，泉水不会悬挂。这就是交友之道应当有所选择的原因。

## 第七三则

【原文】

大家之文[①]，吾爱之慕之，吾愿学之；名家之文[②]，吾爱之慕之，吾不敢学之。学大家而不得，所谓刻鹄不成尚类鹜也[③]；学名家而不得，则是画虎不成反类狗矣[④]。

【原评】

黄旧樵曰[⑤]：我则异于是，最恶世之貌为大家者。

殷日戒曰：彼不曾闯其藩篱[⑥]，乌能窥其阃奥[⑦]？只说得隔壁话耳[⑧]。

张竹坡曰：今人读得一两句名家，便自称大家矣。

【注释】

①大家：这里指博采众长、集大成的大作家。宋代叶适《答刘子至书》中说："盖自风雅骚人之后，占得大家数者不过六七。"

②名家：指有专长、自成一家的著名作家。清代袁枚于《随园诗话》中曾言："诗有大家，有名家。大家不嫌庞杂，名家必选字酌句。"

③刻鹄（hú）不成尚类鹜（wù）：天鹅画得虽然不成功，也还像个野鸭子，模样相差不太远。比喻大家之文有规矩可循。

④画虎不成反类狗：老虎画得不好，反而像条狗，比喻模仿不到家，反而不伦不类。出自《后汉书·马援传》："效季良不得，陷为天下轻薄子，所谓画虎不成，反类狗者也。"

⑤黄旧樵：即黄云。

⑥藩篱：用竹木编成的篱笆或栅栏，比喻界域，境界。

⑦乌能：哪能。阃（kǔn）奥：比喻学问或事理的精微深奥所在。

⑧隔壁话：看似相近，其实外行的言论。

【译文】

著名作家的文章，我喜爱它倾慕它，我愿意学习它们；有专长而自成一家的作家的文章，我喜爱它倾慕它，我不敢学习它们。学习著名作家的文章虽然达不到它的水平，但雕刻不成天鹅还像鸭子；学习有专长而自成一家的作家的文章而达不到它的程度，便成了画老虎不成反而像条狗了。

【原评译文】

黄旧樵说：我就与这种看法不同，最讨厌世上那些貌似著名作家的人。

殷日戒说：你没有闯过著名作家的禁地，怎么能看到他们学问、事理的精奥处？只能说说似是而非的外行话罢了。

张竹坡说：现在的人读了一两句有专长作家的文章，就自称是著名作家了。

## 第七四则

【原文】

由戒得定，由定得慧[①]，勉强渐近自然[②]；炼精化气，炼气化神[③]，清虚有何渣滓[④]？

【原评】

袁中江曰：此二氏之学也[⑤]，吾儒何独不然？

陆云士曰：《楞严经》《参同契》精义尽涵在内[⑥]。

尤悔庵曰：极平常语，然道在是矣。

【注释】

①由戒得定，由定得慧：由遵守戒律而达到入定的境界，由入定而破除迷惑获得真正的智慧。戒、定、慧被佛教称为“三学”，分别属于佛教三藏中的律、经、论，是佛教修行的三个基本环节。

②勉强：努力，尽力而为。

③炼精化气，炼气化神：道家以精、气、神为内三宝。按道家的说法，“精”为肾精，藏在下丹田，炼之可以化成精气；“气”为中气，在中丹田，炼之可以化神；“神”即元神，在上丹田，炼之可以达到清虚无染的境界。

④清虚：清净虚无。渣滓：糟粕，尘屑。

⑤二氏：指佛、道两家。唐代韩愈《重答张籍书》：“今夫二氏之所宗而事之者，下乃公卿辅相，吾岂敢昌言排之哉?”

⑥《楞严经》：佛教经典，全称《大佛顶如来密因修证了义诸菩萨万行首楞严经》，又名《中印度那烂陀大道场经》，简称《楞严经》《首楞严经》《大佛顶经》《大佛顶首楞严经》。讲述修禅定以“成无上道”之道理。《参同

契》:《周易参同契》的简称，是一本讲述道教修仙炼丹之法的著作，被称为“万古丹经王”。作者是东汉的魏伯阳。《周易参同契》的书名中“参”为“三”，指周易、黄老、炉火三事。全书分为上、中、下三篇，用周易爻象来论述炼丹成仙的方法。被道教的外丹派和内丹派都视为重要经典。

【译文】

由遵守戒律而达到入定的境界，由入定而破除迷惑获得真正的智慧，这才算是勉强接近了返璞归真的天然境界；提炼精华化为浩然之气，提炼浩然之气化为纯净的神，胸中达到清净虚无的境界，哪有一点尘俗渣滓？

【原评译文】

袁中江说：这是佛教和道教的学问，我们儒家何尝不是这样？

陆云士说：《楞严经》《参同契》的精华全被涵盖其中了。

尤悔庵说：这是极为平常的话，然而真理却在其中啊。

## 第七五则

【原文】

南北东西，一定之位也①；前后左右，无定之位也②。

【原评】

张竹坡曰：闻天地昼夜旋转，则此东西南北，亦无定之位也。或者天地外贮此天地者，当有一定耳。

【注释】

①一定之位：固定不变的方位。

②无定之位：不固定的，变来变去的方位。

【译文】

南北东西，是固定不变的方位；前后左右，不断变化，没有固定的方位。

【原评译文】

张竹坡说：听说天地白天夜晚不停旋转，那么南北东西也不是固定不变的方位啊。或者在天地之外还有一个大空间，这天地应当有固定的方位啊。

## 第七六则

【原文】

予尝谓二氏不可废，非袭夫大养济院之陈言也[①]。盖名山胜境，我辈每思褰裳就之[②]。使非琳宫梵刹[③]，则倦时无可驻足，饥时谁与授餐？忽有疾风暴雨，五大夫果真足恃乎[④]？又或邱壑深邃，非一日可了，岂能露宿以待明日乎？虎豹蛇虺，能保其不为人患乎[⑤]？又或为士大夫所有，果能不问主人，任我之登陟凭吊而莫之禁乎[⑥]？不特此也[⑦]，甲之所有，乙思起而夺之，是启争端也。祖父之所创建，子孙贫，力不能修葺，其倾颓之状，反足令山川减色矣。

然此特就名山胜境言之耳。即城市之内，与夫四达之衢[⑧]，亦不可少此一种。客游可作居停[⑨]，一也；长途可以稍憩，二也；夏之茗，冬之姜汤，复可以济役夫负戴之困[⑩]，三也。凡此皆就事理言之，非二氏福报之说也[⑪]。

【原评】

释中洲曰：此论一出，量无悭檀越矣[⑫]。

张竹坡曰：如此处置此辈甚妥[⑬]。但不得令其于人家丧事诵经，吉事拜忏[⑭]；装金为像，铸铜作身；房如宫殿，器御钟鼓，动说因果。虽饮酒食肉，娶妻生子，总无不可。

石天外曰：天地生气，大抵五十年一聚。生气一聚，必有刀兵、饥馑、瘟疫，以收其生气。此古今一治一乱必然之数也。自佛入中国，用剃度出家法绝其后嗣，天地盖欲以佛节古今之生气也。所以唐、宋、元、明以来，剃度者多，而刀兵劫数稍减于春秋、战国、秦汉诸时也。然则佛氏且未必无功于天地，宁特人类已哉⑮？

【注释】

①养济院：古代收养鳏寡孤独穷人的场所。唐代设普救病坊，南宋改为养济院。

②褰（qiān）裳：提起衣服。出自《诗经·郑风·褰裳》："子惠思我，褰裳涉溱。"这里指动身前往。

③琳宫梵刹：道观和佛寺。琳宫，本是神仙居住的地方，后也用来指称道教庙宇。梵刹，即佛寺。

④五大夫：指松树。

⑤不为人患乎：不危害人吗？

⑥登陟（zhì）凭吊：攀登到高处去凭吊怀古。

⑦不特：不仅。

⑧四达之衢（qú）：四通八达的大道。《尔雅·释宫》："一达谓之道路，

二达谓之歧旁，三达谓之剧旁，四达谓之衢。”

⑨居停：暂时歇脚或租寓的地方。

⑩济：帮助，解救。这里指消除。负戴：以背负物，以头顶物，也指劳作。此处指肩挑货运的劳作。

⑪福报之说：因果说。今世的善恶行为，必导致后世的罪福报应。

⑫悭（qiān）：吝啬。檀越：佛教指向寺院施舍财务、饮食的世俗信徒。晋代陶潜《搜神后记》卷二：“晋大司马桓温，字元子，末年忽有一比丘尼，失其名，来自远方，投温为檀越。”

⑬此辈：指出家的僧道等人。

⑭拜忏：旧时请僧道念经礼拜，为人忏悔罪过，消灾免祸。南朝梁武帝在郗皇后死后，集录佛经语句为《梁皇忏》十卷，命僧众拜诵祈祷。相传这是拜忏之始。

⑮宁特：岂止，常与语尾助词“已哉”配合使用。

【译文】

我曾经说佛教和道教不可以废除，并不是承袭大养济院扶贫济困的陈腐论调。因为有名气的山川和壮观的景致，我们这些人常常想游览它们。如果没有道观和寺庙，那么我们疲倦时就没地方歇脚，饿了的时候谁能供给吃的？忽然刮大风下暴雨，大松树果真足以依靠吗？又或者遇到山陵和溪谷幽深险远，不是一天可以游完，我们难道能露宿山间以等待第二天继续吗？那些老虎、豹子、毒蛇，能保证它们不祸害人吗？又或者名景被某位士大夫所占有，我们果真能够不经过主人的允许，任凭自己攀登到高处凭吊而不遭到禁止吗？不但如此，又如某个佳景是甲的，乙要想占有就动手夺取，这便要引起争端了。祖辈父辈所创建的佳处名园，子辈孙辈贫困，无力修整，那些建筑倾塌废弃的样子，反倒足以让山川减去光彩了。

然而这些就只是指在山川和优美的境地内的道观佛寺而言，即便是在城市之中和四通八达的大道旁，也不能没有僧道庙宇。一是出行的人可以在这些地方暂时居住；二是长途跋涉的人可以稍微得到休息；三是它们夏天供应茶水，冬天预备姜汤，又可以减轻肩挑货运者的疲惫。所有这些都是根据事理来说的，而不是佛教和道教的因果福报之类的说法。

【原评译文】

释中洲说：这番论述一出，估计就没有吝啬的施主了。

张竹坡说：像这样处置这些人非常妥当。但是不能让僧道在别人家里诵经办丧事、念经礼拜办吉事、以黄金装饰佛像、以铜铸造佛身；或是把房子建造得如同宫殿一样华丽；或用钟鼓之类的器具；动不动就说因果报应的事理。如此即使是喝酒吃肉，娶妻生子，都没有什么不可以的。

石天外说：天地间的生气，大约五十年聚合一次。生气一聚合，一定会有战事、饥馑、瘟疫等灾祸，以收回生灵。这也是古往今来一治一乱的必然规律。自从佛教传入中国，用剃度出家的办法断绝他们的子孙，天地是要用佛来节制古今以来的生气。正因为这样，唐、宋、元、明以来，剃度为僧的人越来越多，但是战乱灾祸稍少于春秋、战国、秦汉等时期。那么佛教对天地未必没有功劳，又岂止是对人类呢？

## 第七七则

【原文】

虽不善书，而笔砚不可不精；虽不业医①，而验方不可不存②；虽不工弈③，而楸枰不可不备④。

【原评】

江含徵曰：虽不善饮，而良酿不可不藏。此坡仙之所以为坡仙也⑤。

顾天石曰：虽不好色，而美女妖童不可不蓄。

毕右万曰：虽不习武，而弓矢不可不张。

【注释】

①业医：行医，当医生。

②验方：经过屡次使用证明确有疗效的医药方。

③工弈：擅长下棋。工，擅长。

④楸枰（qiū píng）：棋盘。古时多用楸木制作，故名。唐代温庭筠《观棋》诗有："闲对楸枰倾一壶，黄华坪上几成卢。"

⑤坡仙：宋代苏轼号东坡居士，仰慕者称之为"坡仙"。宋代张矩的《应天长》词就有这样的称呼："换桥渡舫，添柳护堤，坡仙旧迹今续。"

【译文】

虽然不擅长书法，但笔墨砚台不能不精良；虽然不当医生，但有效的药方不能不保存；虽然不擅长下棋，但棋盘不能不具备。

【原评译文】

江含徵说：虽然不善于饮酒，但是好酒不可以不储藏。这就是苏东坡之所以成为坡仙的原因。

顾天石说：虽然不好色，然而美丽的女子和清秀的男童不能不蓄养。

毕右万说：虽然不习武艺，但是弓箭不可以张不开。

## 第七八则

【原文】

方外不必戒酒[①]，但须戒俗；红裙不必通文[②]，但须得趣。

【原评】

朱其恭曰[③]：以不戒酒之方外，遇不通文之红裙，必有可观。

陈定九曰[④]：我不善饮，而方外不饮酒者誓不与之语；红裙若不识趣，亦不乐与近。

释浮村曰[⑤]：得居士此论，我辈可放心豪饮矣。

弟东囿曰[⑥]：方外并戒了化缘方妙[⑦]。

**【注释】**

①方外：世俗礼法之外，这里指僧人、道士等出家人。

②红裙：代指女性。唐代韩愈《醉赠张秘书》诗："不解文字饮，惟能醉红裙。"通文：指有学问，能读书。

③朱其恭：即朱慎。

④陈定九：陈鼎（1650—？），原名太夏，字鬲鼎，又字谨村、定九、子重，号留溪，又号暨阳铁肩道人。江苏江阴人。他工诗文，尤精于史，一生著作颇丰，传世著作有传奇小说：《留溪外传》《留溪附传》《留溪别传》《留溪托传》《邵飞飞传》等；地方历史文献：《武备略》《云贵人物志》《十五国人物志》《西陲志》《九边志》《海岛志》《洞天志》《黄山史概》等；记载动植物分类的有：《百花志》《百草志》《蛇谱》《虎谱》《百鸟谱》《竹谱》《荔谱》以及反映少数民族风情的《滇黔土司婚礼记》等，此

外还有《留溪草堂诗稿》《留溪杂著》等诗文著作及历史著作：《忠烈传》《二十一史疑》《明季殉难诸臣姓名录》《三吴人物志》《东林列传》等。

⑤释浮村：不详。

⑥东囿：疑为张潮弟张渐别号。

⑦化缘：和尚、尼姑或道士向人求取馈赠。因能布施的人可与佛、仙结善缘，故称化缘。

【译文】

僧人和道士不一定非要戒酒，但必须戒掉俗气；女子不一定非要知书识字，但必须有生趣韵味，有味道。

【原评译文】

朱其恭说：让不戒酒的僧人或道士遇到不识字的女子，一定有值得欣赏玩味的趣事。

陈定九说：我不善于饮酒，然而不喝酒的僧人和道士我立誓不与其交谈，女子如果不识趣，也不喜欢与之亲近。

释浮村说：得到居士这番言论，我们这些人可以安心畅饮了。

弟东囿说：僧人和道士一并戒掉向人求取布施才好。

## 第七九则

【原文】

梅边之石宜古，松下之石宜拙①，竹傍之石宜瘦，盆内之石宜巧②。

【原评】

周星远曰：论石至此，直可作九品中正③。

释中洲曰：位置相当，足见胸次④。

【注释】

①拙：质朴无华。

②巧：小巧，精妙。

③九品中正：魏晋南北朝的一种官吏选拔制度，各州、郡设立中正官，将各地士人按才能分别评为九等（九品），以备朝廷按等选用，谓之“九品官人法”。隋文帝废除此制，改行科举制。此处代指选拔标准。

④胸次：胸怀，胸襟。《庄子·田子方》：“行小变而不失其大常也，喜怒哀乐不入于胸次。”

【译文】

梅树边的石头应该古朴，松树下的石头应该朴拙，竹子边的石头要清瘦，盆景内的石头宜纤巧。

【原评译文】

周星远说：评论石头到这种地步，简直可以做按才能分九等的中正官。

释中洲说：张先生能够按不同事物搭配不同石头，安排布置恰当，足可以看出其不凡胸襟。

## 第八〇则

【原文】

律己宜带秋气[①]，处世宜带春气[②]。

【原评】

孙松楸曰[③]：君子所以有矜群而无争党也[④]。

胡静夫曰[⑤]：合夷惠为一人[⑥]，吾愿亲炙之[⑦]。

尤悔庵曰：皮里春秋[⑧]。

【注释】

①律己：对自身约束和要求。秋气：秋日的凄清、肃杀之气，此处指律己要严格冷峻。

②春气：春天温暖和煦，滋生万物，此处喻指待人要温和亲切。

③孙松楸：疑为“孙松坪”，即孙致弥。

④有矜群而无争党：指君子庄重自尊，普遍团结人，而不和他人争强斗胜，不结党营私。《论语·卫灵公》：“子曰：‘君子矜而不争，群而不党。’”矜，庄重自持。群，合群，团结别人。争，争执，有所争。党，结党营私。

⑤胡静夫：胡其毅，字致果，号静夫，江宁（今江苏南京）人，平生谦谨自持，为诗亦尚冲淡，著有《静拙斋诗稿》，曹寅任江宁织造时，与其友善。

⑥合夷惠为一人：将伯夷和柳下惠的品德合于一身，指有节且廉正的人。夷惠，伯夷和柳下惠的并称，代指廉正之士。

⑦亲炙：直接受到传授、教导。

⑧皮里春秋：表面不作评论，心里却有所褒贬。《晋书·褚裒传》：“谯国桓彝见而目之曰：‘季野有皮里阳秋。’言其外无臧否，而内有所褒贬也。”

【译文】

约束自己时应该带有秋天的严厉之气，对待别人时应该带有春天的温和之气。

【原评译文】

孙松楸说：这就是品格高尚的人庄重自尊，普遍团结人，不和他人争强斗胜，不结党营私的缘故。

胡静夫说：将伯夷的高尚守节和柳下惠的清高廉洁合在一起，成为一个人，我希望能得到他的教导。

尤悔庵说：这就是表面不作评论，心中有所褒贬。

## 第八一则

【原文】

厌催租之败意[①]，亟宜早早完粮[②]；喜老衲之谈禅，难免常常布施[③]。

【原评】

释中洲曰：居士辈之实情，吾僧家之私冀，直被一笔写出矣。

瞎尊者曰[④]：我不会谈禅，亦不敢妄求布施，惟闲写青山卖耳[⑤]。

【注释】

①败意：破坏兴致。

②亟（jí）：赶快，急速。完粮：交纳田赋。

③布施：将金钱、实物布散施舍给别人。

④瞎尊者：即石涛（1642—约 1718 年），清初画家，原姓朱，名若极，全州（今属广西）人，祖籍安徽凤阳，小字阿长，别号很多，如大涤子、清湘老人、苦瓜和尚、瞎尊者，法号有道济、元济、原济等。晚年定居扬州，卖画为生。擅画山水，对扬州画派及近现代中国画影响很大。兼工书法和诗，并擅园林叠石，扬州余氏石园即出其手。著有《苦瓜和尚画语录》《大涤子题画诗跋》等。

⑤闲写青山卖：出自明代唐寅的《言志》诗："不炼金丹不坐禅，不为商贾不耕田。闲来写就青山卖，不使人间造孽钱。"意思是作画卖钱。

【译文】

厌恶前来催促缴纳租税的人败坏兴致，就应该早早交纳租税；喜欢与老僧谈禅论道，就难免要经常施舍财物。

【原评译文】

释中洲说：这是居士们的真情实感，我们僧人的私心愿望，被一笔写出来了。

瞎尊者说：我不善于谈论禅机，也不敢妄求施舍钱财，只有闲暇时画些山水画来卖罢了。

## 第八二则

【原文】

松下听琴，月下听箫，涧边听瀑布，山中听梵呗[①]，觉耳中别有不同。

【原评】

张竹坡曰：其不同处，有难于向不知者道。

倪永清曰：识得"不同"二字，方许享此清听[②]。

【注释】

①梵呗（bài）：佛教做法事时的歌咏赞颂之声。

②清听：指清越入耳的声音。

【译文】

在松树下听弹琴的声音，在月光下听吹箫的声音，在溪涧边听瀑布的声音，在深山中听佛教徒赞叹歌咏的声音，感觉耳中别有一番感受。

【原评译文】

张竹坡说：这其中的不同之处，很难向不懂的人表述出来。

倪永清说：能够认识到不同两个字，才可以享受这些清雅的声音。

## 第八三则

【原文】

月下听禅，旨趣益远；月下说剑，肝胆益真①；月下论诗，风致益幽；月下对美人，情意益笃②。

【原评】

袁士旦曰③：溽暑中赴华筵④，冰雪中应考试，阴雨中对道学先生⑤，与此况味何如？

【注释】

①肝胆：比喻豪情壮志。

②笃：实在、深厚。

③袁士旦：即袁启旭。

④溽暑：指盛夏潮湿闷热的天气。华筵：丰盛的筵席。

⑤道学先生：指思想、作风特别迂腐的读书人。

【译文】

在月色下说禅论道，意旨更加深远超脱；在月色下磋商剑法剑术，豪情壮志越发慷慨磊落；在月色下讨论诗歌，情致更加清幽脱俗；在月色下与美人相对，爱悦之情越发缠绵深厚。

【原评译文】

袁士旦说：夏季潮湿闷热的天气里赴丰盛的筵席，冰天雪地里去应对考试，阴雨连绵之中与迂腐刻板的道学先生相对，跟这些境况和情味比起来如何？

## 第八四则

【原文】

有地上之山水，有画上之山水，有梦中之山水，有胸中之山水。地上者妙在邱壑深邃[①]，画上者妙在笔墨淋漓，梦中者妙在景象变幻，胸中者妙在位置自如[②]。

【原评】

周星远曰：心斋《幽梦影》中文字，其妙亦在景象变幻。

殷日戒曰：若诗文中之山水，其幽深变幻，更不可名状。

江含徵曰：但不可有面上之山水。

余香祖曰[③]：余境况不佳，水穷山尽矣。

【注释】

①邱壑（hè）深邃：山高谷深。壑：山沟或大水沟。

②位置：这里作动词用，安排、安置的意思。

③余香祖：不详。

【译文】

世间有存在于大地上的山水，有存在于画中的山水，有出现在梦中的山水，有存在于胸怀中的山水。地上的山水妙在涧谷幽深险远，画中的山水妙在笔墨挥洒酣畅，梦中的山水妙在景象变幻不定，胸中的山水妙在位置井然有序。

【原评译文】

周星远说：张先生《幽梦影》里的文字，其美妙也在于景象的变幻不定。

殷日戒说：假如是诗词文章中的山水，它幽静深邃、变幻不定的情境是不可以描摹的。

江含徵说：但不能有颜面上的山水。

余香祖说：我的境况不好，已经山穷水尽了。

## 第八五则

【原文】

一日之计种蕉[①]，一岁之计种竹，十年之计种柳，百年之计种松。

【原评】

周星远曰：千秋之计，其著书乎？

张竹坡曰：百世之计种德[②]。

【注释】

①蕉：即芭蕉。芭蕉是多年生草本植物，生长速度比较快，叶阔荫大，姿态秀美，所以说一日之计种蕉。

②种德：施恩德于人。《尚书·大禹谟》：“皋陶迈种德，德乃降，黎民怀之。”

【译文】

一日之内的计划是种植芭蕉，一年之内的计划是种植竹子，十年之内的计划是种植杨柳，一百年的计划是种植青松。

【原评译文】

周星远说：一千年的计划，应该是写书吧？

张竹坡说：一百世的计划应该是树立德行。

## 第八六则

【原文】

春雨宜读书，夏雨宜弈棋，秋雨宜检藏①，冬雨宜饮酒。

【原评】

周星远曰：四时惟秋雨最难听。然予谓无分今雨旧雨②，听之，要皆宜于饮也。

【注释】

①检藏：翻检旧藏这类琐细之事。

②今雨：新交的朋友。旧雨：老朋友。典出唐代诗人杜甫的《秋述》："秋，杜子卧病长安旅次，多雨生鱼，青苔及榻，常时车马之客，旧，雨来，今，雨不来。"是说宾客旧日遇雨也来，而今遇雨则不来了，初亲后疏。后用"今

雨”代指新交的朋友，“旧雨”则代指老朋友。

【译文】

春天下雨的时候适宜读书，夏天下雨的时候适宜下棋，秋天下雨的时候适宜翻检收藏，冬天下雨的时候适宜饮酒。

【原评译文】

周星远说：春夏秋冬四季中只有秋雨最难听，但是我认为不管是过去的朋友还是新的朋友，听秋雨，最适宜共饮酒。

## 第八七则

【原文】

诗文之体得秋气为佳，词曲之体得春气为佳。

【原评】

江含徵曰：调有惨淡悲伤者，亦须相称。

殷日戒曰：陶诗、欧文，亦似以春气胜[①]。

【注释】

①陶诗、欧文：指陶渊明的诗，欧阳修的散文。

【译文】

诗歌和文章的内容以带秋天的悲凉、肃杀的气氛为佳，词和曲的内容具有春天蓬勃向上的气息为妙。

【原评译文】

江含徵说：词调有惨淡悲伤的，也应当选择与它相配称的体裁。

殷日戒说：陶渊明的诗、欧阳修的文章，也似乎是以清新流畅的春天之气赢得盛名。

# 第八八则

【原文】

抄写之笔墨，不必过求其佳；若施之缣素[①]，则不可不求其佳。诵读之书籍，不必过求其备[②]；若以供稽考[③]，则不可不求其备。游历之山水[④]，不必过求其妙；若因之卜居[⑤]，则不可不求其妙。

【原评】

冒辟疆曰：外遇之女色，不必过求其美；若以作姬妾，则不可不求其美。

倪永清曰：观其区处条理所在[⑥]，经济可知[⑦]。

王司直曰：求其所当求，而不求其所不必求。

【注释】

①施之缣（jiān）素：书写或画在白绢上。缣，细绢。

②备：完备。

③稽考：研究查考。稽，考核。

④游历：游览。

⑤卜居：用占卜的方法选择定居的地方，后来泛指选择地方定居下来。

⑥区处：处理，筹划安排。

⑦经济：指关于生活、生计方面的主张。

【译文】

用来抄写的笔墨，不必过于追求好的质量；假如要在白绢上书写，那么不得不追求它质量上乘。平时阅读用的书籍，不必过于要求齐全；假如是用来供做稽查考证的，那么便不能不要求齐全；游览赏玩的山水，不必过分讲求美妙；假如就此做居住的打算，那么便不能不要求其美妙。

【原评译文】

冒辟疆说：在外面遇到的女子，不必过分要求她容貌美丽；若是娶做姬妾，则不能不要求她美貌。

倪永清说：观察张先生的筹划脉络所在，可以知晓他在经世济民方面的胸襟。

王司直说：要求其所应当要求的，而不要求所不必须要求的。

## 第八九则

【原文】

人非圣贤，安能无所不知？只知其一，惟恐不止其一，复求知其二者，上也；止知其一，因人言始知有其二者，次也；止知其一，人言有其二而莫之信者[①]，又其次也；止知其一，恶人言有其二者[②]，斯下之下矣。

【原评】

周星远曰：兼听则聪，心斋所以深于知也。

倪永清曰：圣贤大学问，不意于清语得之[③]。

【注释】

①莫之信：即“莫信之”，不相信别人的说法。

②恶（wù）：讨厌，厌恶。

③清语：指《幽梦影》一类清言小品著述。

【译文】

人不是圣人和贤人，怎么能什么都知道。只知道事物一方面的道理，生怕它并非只有这些道理，而再求知道另一方面道理的，这是上等的；只知道其中一方面的道理，因听人家说才知道还有另一方面道理的，这是次等的；只知道其中一方面的道理，有人告诉他另一方面的道理，他却不相信，这是又差一等的；只知道其中一方面的道理，却厌恶人家说还有另一方面道理的，这是下等中的下等了。

【原评译文】

周星远说：能够多方面听取意见，就能够明白事理，明辨是非，这也是张先生知识深厚的原因。

倪永清说：圣贤的大学问，没想到从清谈言论中得到了。

## 第九〇则

【原文】

史官所纪者，直世界也[①]；职方所载者[②]，横世界也[③]。

【原评】

袁中江曰：众宰官所治者[④]，斜世界也。

尤悔庵曰：普天下所行者，混沌世界也。

顾天石曰：吾尝思天上之天堂，何处筑基？地下之地狱，何处出气？世界固有不可思议者。

【注释】

①直世界：史官所记载的历史，是以时间为线索，纵向发展的，所以称为直世界。直，纵向的。

②职方：官名，掌天下地图与四方职贡。《周礼·夏官》中规定职方的职责是主管地图和四方贡物，后来历代多设此职，掌管舆图、军制、城隍、镇戍等。

③横世界：职方掌管舆图与四方职贡，他所记载的事情是以空间为线索、横向分布的，所以称为横世界。

④宰官：泛指官吏。

【译文】

史官所记载的历史是纵向的世界，掌管地图的官吏所记载的历史是横向的世界。

【原评译文】

袁中江说：众位官员所治理的是倾斜的世界。

尤悔庵说：全天下人所行的是混沌不清的世界。

顾天石说：我曾经思索天上的天堂在什么地方建造地基？地底下的地狱在何处排放空气？世界上本来就存在着不可想象的事情啊。

## 第九一则

【原文】

先天八卦[1]，竖看者也；后天八卦[2]，横看者也。

【原评】

吴街南曰：横看、竖看，皆看不着。

钱目天曰[③]：何如袖手旁观[④]？

【注释】

①先天八卦：又称伏羲八卦，传说是由伏羲根据河图所画。伏羲八卦次序基于《周易·系辞上》中“太极、两仪、四象、八卦”的宇宙万物生成过程：阴阳未分的太极生成阴阳两仪；阴和阳又各自生成新的阴阳，即四象；四象中每一象又再次生成新的阴阳，成为八卦。它的方位是乾南坤北，离东坎西。

②后天八卦：即文王八卦。文王将《周易》的八卦演为六十四卦，其次序源自《周易·说卦》中对卦象象征意味的解释。方位变成离南坎北，震东兑西，与“先天八卦”相比，转过一个直角。

③钱目天：不详。

④袖手旁观：表面意思是把手笼在袖子里，在一旁观看。比喻置身事外，既不过问，也不协助别人。唐代韩愈《祭柳子厚文》：“不善为斫，血指汗颜，巧匠旁观，缩手袖间。”

【译文】

先天八卦看的是时间纵向的发展，后天八卦看的是空间横向的联系。

【原评译文】

吴街南说：横向看、竖向看，都看不到。

钱目天说：把手笼在袖子里，在一旁观看怎么样？

## 第九二则

【原文】

藏书不难，能看为难；看书不难，能读为难[①]；读书不难，能用为难；能用不难，能记为难[2]。

【原评】

洪去芜曰[3]：心斋以能记次于能用之后，想亦苦记性不如耳。世固有能记而不能用者。

王端人曰[4]：能记、能用，方是真藏书人。

张竹坡曰：能记固难，能行尤难。

【注释】

①读：这里指精读、仔细研读。

②记：牢记下来。

③洪去芜：即洪嘉植。

④王端人：不详。

【译文】

收藏书籍不困难，能全部看完是困难的；看书并不困难，困难的是理解书中的内容；理解书中内容也不困难，困难的是会用书中的知识；会用书中的知识也不困难，困难的是看了便能牢记不忘。

【原评译文】

洪去芜说：张先生将能牢记放在会用之后，想必也

是苦于记性不如人吧。世界上确实有能够记住却不会用的人。

王端人说：能记住也能够使用，才是真正的藏书之人。

张竹坡说：能够记住确实很困难，能够做到更加困难。

## 第九三则

**【原文】**

求知己于朋友易，求知己于妻妾难，求知己于君臣则尤难之难[①]。

**【原评】**

王名友曰：求知己于妾易，求知己于妻难，求知己于有妾之妻尤难。

张竹坡曰：求知己于兄弟亦难。

江含徵曰：求知己于鬼神则反易耳。

**【注释】**

①尤难之难：更是难上加难。

**【译文】**

在朋友之中寻找知己容易，在妻妾中探求知己困难，在君臣相处中寻求知己则是难上加难。

**【原评译文】**

王名友说：在姬妾中寻求知己容易，在妻子中寻求知己困难，在已经娶妾的妻子那里寻求知己尤其困难。

张竹坡说：在兄弟中寻求知己也是困难的。

江含徵说：在鬼神中寻求知己反而比较容易。

## 第九四则

【原文】

何谓善人？无损于世者则谓之善人；何谓恶人？有害于世者则谓之恶人。

【原评】

江含徵曰：尚有有害于世，而反邀善人之誉，此实为好利而显为名高者，则又恶人之尤。

【译文】

什么叫善人？对社会没有损害的就叫做善人；什么叫恶人？对社会有危害的就叫做恶人。

【原评译文】

江含徵说：尚且有一些对社会有所损害，反倒得到善人名誉的人，这些人本质上贪图好处而外表反倒名声清高，那么比恶人还要坏。

## 第九五则

【原文】

有工夫读书，谓之福；有力量济人，谓之福；有学问著述，谓之福；无是非到耳，谓之福；有多闻、直、谅之友[①]，谓之福。

【原评】

殷日戒曰：我本薄福人，宜行求福事，在随时儆醒而已[②]。

杨圣藻曰：在我者可必，在人者不能必。

王丹麓曰：备此福者，惟我心斋。

李水樵曰[③]：五福骈臻固佳[④]，苟得其半者，亦不得谓之无福。

倪永清曰：直谅之友，富贵人久拒之矣，何心斋反求之也？

【注释】

①多闻、直、谅：指正直、诚实、见闻广博。这三者出自《论语·季氏》："益者三友，损者三友。友直，友谅，友多闻，益矣；友便辟，友善柔，友便佞，损矣。"孔子的意思是说，交这三种朋友是对自己有益的，直友正言极谏，谅友忠信不欺，多闻友见多识广。

②儆醒：警诫而使醒悟。

③李水樵：即李淦。

④骈臻：并至，一并到来。

【译文】

有时间读书是福气；有力量帮助别人是福气；有学问去著书立说是福气；没有是非闲话传到

耳中是福气；有学识广博、正直、守信的朋友是福气。

【原评译文】

殷日戒说：我本来就是一个没什么福气的人，要做求得福气的事，在于随时警诫提醒自己不犯过错罢了。

杨圣藻说：对于自己可以强迫去做，对于别人却不能这样。

王丹麓说：具备这五种福分的人，只有张先生。

李水樵说：五种福气全都得到固然很好，假若得到其中一半，也不能说是没有福气。

倪永清说：对于正直诚信的朋友，富有尊贵的人一直拒绝与他们交往，为什么张先生反而寻求与他们相交呢?

## 第九六则

【原文】

人莫乐于闲，非无所事事之谓也。闲则能读书，闲则能游名胜，闲则能交益友[①]，闲则能饮酒，闲则能著书。天下之乐，孰大于是?

【原评】

陈鹤山曰：然则正是极忙处。

黄交三曰：闲字前有止敬功夫[②]，方能到此。

尤悔庵曰：昔人云“忙里偷闲”，闲而可偷，盗亦有道矣。

李若金曰：闲固难得，有此五者，方不负闲字。

【注释】

①益友：“益者三友”的略称，即上一条所说的“多闻、直、谅”之友。

②止敬：尊重、尊敬。出自《大学》：“为人君止于仁，为人臣止于敬。”

【译文】

人没有比安闲更快乐的了，但安闲并不是所说的无所事事，不做正事。有了闲暇就可以读书，有了闲暇就可以游览名胜，有了闲暇就可以结交良友，有了闲暇就可以畅饮美酒，有了闲暇就可以撰写书籍。天下的快乐，有什么比这更大呢？

【原评译文】

陈鹤山说：然而这些闲暇所做的事情，正是最忙的时候。

黄交三说：这个闲字的前面有端正严谨的态度，才能到这种境界。

尤悔庵说：古人说“忙里偷闲”，闲暇若能够偷来，可算是盗贼也有其道义了。

李若金说：闲暇固然难以得到，然而有了这五种事情，就不辜负这个闲字了。

## 第九七则

【原文】

文章是案头之山水，山水是地上之文章。

【原评】

李圣许曰：文章必明秀，方可作案头山水；山水必曲折，乃可名地上文章。

【译文】

文章是书案上的山水，山水是大地上的文章。

【原评译文】

李圣许说：文章必须明净秀美，才可以做书案上的山水；山水必须曲折动人，才可以称为大地上的文章。

# 第九八则

**【原文】**

平上去入[①]，乃一定之至理。然入声之为字也少，不得谓凡字皆有四声也。世之调平仄者[②]，于入声之无其字者，往往以不相合之音隶于其下[③]。为所隶者，苟无平上去之三声[④]，则是以寡妇配鳏夫[⑤]，犹之可也。若所隶之字自有其平上去之三声，而欲强以从我，则是干有夫之妇矣[⑥]，其可乎？

姑就诗韵言之[⑦]。如东、冬韵[⑧]，无入声者也，今人尽调之以东、董、冻、督。夫“督”之为音，当附于都、睹、妒之下；若属之于东、董、冻，又何以处夫都、睹、妒乎？若东、都二字，俱以“督”字为入声，则是一妇而两夫矣。三江无入声者也[⑨]，今人尽调之以江、讲、绛、觉。殊不知“觉”之为音，当附于交、绞、教之下者也。诸如此类，不胜其举。

然则如之何而后可？曰：鳏者听其鳏，寡者听其寡；夫妇全者安其全，各不相干而已矣。（东、冬、欢、桓、寒、山、真、文、元、渊、先、天、庚、青、侵、盐、咸诸部[⑩]，皆无入声者也。屋、沃内如秃、独、鹄、束等字[⑪]，乃鱼、虞韵内都、图等字之入声；卜、木、六、仆等字，乃五歌部之入声。玉、菊、狱、育等字，乃尤部之入声。三觉、十药，当属于萧、肴、豪。质、锡、职、缉，当属于支、微、齐。质内之橘、卒，物内之郁、屈，当属于虞、鱼。物内之勿、物等音，无平上去者也。讫、乞等四支之入声也。陌部乃佳、灰之半、开、来等字之入声也。月部之月、厥、阙、谒等，及屑、叶二部，古无平上去，而今则为中州韵内车、遮诸字之入声也[⑫]。伐、发等字，及曷部之括、适，及八点全部，又十五合内诸字，又十七洽全部，皆六麻之入声也。曷内之撮、阔等字，合部之合、盒数字，皆无平上去者也。若

以缉、合、叶、洽为闭口韵[13]，则止当谓之无平上去之寡妇，而不当调之以侵、寝、缉、咸、喊、陷、洽也。）

**【原评】**

石天外曰：中州韵无入声，是有夫无妇，天下皆成旷夫世界矣！

**【注释】**

①平上去入：古汉语字音的声调有平声、上声、去声、入声四种，总称“四声”，由南朝周颙、沈约等最早总结得出。

②平仄：平声和仄声。平，指四声中的平声。仄，指四声中的上、去、入三声。旧体诗词和骈俪文讲究声律，所用字音必须平仄相互交替，使声调谐协，谓之调平仄。

③隶：附属，归附。

④苟：如果。

⑤鳏（guān）夫：没有妻子的成年男人。

⑥干：冒犯。

⑦诗韵：诗词用韵所依据的韵书。唐宋时使用的《广韵》分206个韵部，南宋末年平水（今山西新绛）人刘渊将其简化为107个韵部，并成为官方标准，称“平水韵”。元代阴时夫编《韵府群玉》，将平水韵再改为106个韵部，这就是元明清以来最通行的诗韵。本条谈论的诗韵，主要就是依据106部的平水韵。

⑧东、冬韵：这两个都是平声韵部，是平水韵上平中的一东、二冬两

个韵部。

⑨三江：与三讲、三绛、三觉是配合使用的平、上、去、入四个韵部。

⑩诸部：一东、二冬、十四寒（欢、桓属这个韵部）、十五删（山属于这个韵部）、十一真、十二文、十三元均为上平声韵部，一先（渊、天属于这个韵部）、八庚、九青、十二侵、十四盐、十五咸均为下平声韵部。

⑪屋、沃：一屋、二沃为入声韵部。下面列出的四支、五微、六鱼、七虞、八齐、九佳、十灰等为上平声韵，二萧、三肴、四豪、五歌、六麻、十一尤等为下平声韵，二十六寝、二十七感（喊属于这个韵部）为上声韵，三十陷为去声韵，三觉、四质、五物（乞、讫属于这个韵部）、六月（发、伐属于这个韵部）、七曷、八点、九屑、十药、十一陌、十二锡、十三职、十四缉、十五合、十六叶、十七洽等为入声韵。

⑫中州韵：元代周德清《中原音韵》、卓从之《中州乐府音韵类编》等书中总结的音韵体系，也称“中原音韵”。中州韵有阴平、阳平、上、去四声而无入声，字音归为十九韵类，每韵分阴平、阳平、上声、去声四部，入声字分别派入阳平、上、去声中。后来许多戏曲剧种都继承了这个字音传统。车和遮是中州韵的第十四个韵部。

⑬闭口韵：音韵学中指以双唇音 m 或 b 收尾的韵母。

**【译文】**

声调分为平、上、去、入四声是有一定的正确道理的。然而入声字本身就少，不能认为所有字都具备四声。世上研究平仄音韵的人，因为没有读入声的字，往往把不合韵的字归属到入声的下面。这个被归入的字，若是没有平、上、去三声的话，那就是把寡妇配给光棍，尚且说得过去。要是被归入的那个字本身有其平、上、去三声，而要勉强它归属于入声，那就是冒犯有夫之妇，这怎么可以呢？

姑且就诗的韵律来说吧，如冬、东这两个韵部，都没有入声，现在的人都用东、董、冻、督来与它们协调。“督”这个音，应当附属在都、睹、妒的后面；如果将它附属在东、董、冻后面，那又怎么处置都、睹、妒呢？假如是东、都两个韵部都用“督”来做入声，那就是一个妇人而有两个丈

夫了。三江这个韵部没有入声，现在的人都注成江、讲、绛、觉。殊不知“觉”这个音，应当附属于交、绞、教的下面。像这样的例子很多，举也举不完。

既然这样，应当怎么处置才算合理呢？我认为：光棍就让他做光棍，寡妇就让她做寡妇；夫妇相配的，就让他们安于齐全的现状，这几种情况互不干涉就好了。（东、冬、欢、桓、寒、山、其、文、元、渊、先、天、庚、青、侵、盐、咸等韵部，都没有入声字。屋、沃等韵部内像秃、独、鹄、束等字，是鱼、虞等韵部内的都、图等字的入声；卜、木、六、仆等字，是五歌部的入声。玉、菊、狱、育等字，是尤这个韵部的入声。三觉、十药，应当归属于萧、肴、豪。质、锡、职、缉，应当归属于支、微、齐。质这个韵部里的橘、卒，物部的郁、屈，应当归属于虞、鱼。物这个韵部的勿、物等音，没有平声、上声和去声。讫、乞等字是四支韵部的入声。陌这个韵部是佳、灰这两部的半、开、来等字的入声。月部的月、厥、阙、谒等字，以及屑、叶两个韵部，古代没有平声、上声和去声，而如今则是中州韵内车、遮等字的入声字。伐、发等字，以及曷部的括、适，以及八黠这个韵部的所有字，加上十五合这个韵部的字，再加上十七洽这个韵部的所有字，都是六麻这个韵部的入声。曷部中的撮、阔等字，合部中的合、盒几个字，都没有平声、上声和去声。若是将缉、合、叶、洽等字作为闭口韵，那么只能认为它们是没有平声、上声和去声的寡妇，而不能用侵、寝、缉、咸、喊、陷、洽等字来协调。）

【原评译文】

石天外说：中州韵没有入声，是有丈夫而没有妇人，全天下都成了没有老婆的世界了。

# 第九九则

【原文】

《水浒传》是一部怒书[①]，《西游记》是一部悟书[②]，《金瓶梅》是一部哀书[③]。

【原评】

江含徵曰：不会看《金瓶梅》，而只学其淫，是爱东坡者，但喜吃东坡肉耳[④]。

殷日戒曰：《幽梦影》是一部快书[⑤]。

朱其恭曰：余谓《幽梦影》是一部趣书。

【注释】

①怒书：《水浒传》中写的是英雄结义，啸聚山林，表现的是英雄们走投无路被逼造反的愤怒，所以称之为怒书。

②悟书：《西游记》借取经写了大量八卦、五行、金丹大道、心性之学等道教、佛教的内容，通过八十一难写挫折与勘破，最终悟道取得真经，因此也有很多人认为这是一部表现悟道的书。

③哀书：《金瓶梅》写世情与享乐，其中表现了人性中许多阴暗面，作者

在写各色人物的同时，怀着一种悲天悯人的情怀，写出了人生的悲哀与无可奈何。

④喜吃东坡肉：典出《雅谑》："陆宅之善谑，每语人曰：'吾甚爱东坡。'或问曰：'东坡有文，有赋，有字，有东坡巾，君所爱何者?'陆曰：'吾甚爱一味东坡肉。'闻者大笑。"东坡肉，一种煮得极为酥烂的猪肉，传说是由苏东坡所创制的一种烹煮猪肉的方法。清人翟灏《通俗编》卷十四载："《东坡集》诗：'黄州好猪肉，价贱如粪土；富者不肯吃，贫者不解煮。慢着火，少着水，火候足时他自美。每日起来打一碗，饱得自家君莫管。'按今俗谓烂煮肉曰'东坡肉'，由此。"

⑤快书：指通透快意的书。

【译文】

《水浒传》是一部抒写愤怒的书，《西游记》是一部悟道的书，《金瓶梅》是一部写尽人生悲哀的书。

【原评译文】

江含徵说：不会看《金瓶梅》，而只学习其中的淫乱，是喜欢苏东坡的人但却只是爱吃酥烂的东坡肉罢了。

殷日戒说：《幽梦影》是一部舒畅快意的书。

朱其恭说：我认为《幽梦影》是一部有趣的书。

## 第一〇〇则

【原文】

读书最乐，若读史书则喜少怒多。究之①，怒处亦乐处也。

【原评】

张竹坡曰：读到喜怒俱忘，是大乐境。

陆云士曰：余尝有句云："读《三国志》，无人不为刘[②]；读《南宋书》[③]，无人不冤岳[④]。"第人不知其怒处亦乐处耳。怒而能乐，惟善读史者知之。

【注释】

①究之：仔细推究，归根结底。

②无人不为刘：没有人不站在刘备这一边。

③《南宋书》：是明人钱士升撰写的一部记叙南宋历史的书。

④无人不冤岳：没有人不替岳飞感到冤屈。

【译文】

读书是人生最快乐的事，但如果是读史书则喜悦少而愤怒多。推究起来，使你愤怒之处也正是快乐之处。

【原评译文】

张竹坡说：读书读到把喜悦和愤怒全都忘记，这才是最快乐的境界。

陆云士说：我曾经有句话说："读《三国志》没有人不站在刘备一边；读南宋的书没有人不为岳飞感到冤屈。"但人们不知道愤怒之处也是快乐之处。愤怒而能使人快乐，只有善于读史书的人才能理解。

## 第一〇一则

【原文】

发前人未发之论，方是奇书；言妻子难言之情[①]，乃为密友。

【原评】

孙恺似曰：前二语是心斋著书本领。

毕右万曰：奇书我却有数种，如人不肯看何？

陆云士曰：《幽梦影》一书所发者，皆未发之论；所言者，皆难言之情。“欲语羞雷同”[②]，可以题赠。

【注释】

①言妻子难言之情：能够谈论对妻子、儿女也难以诉说的衷情。妻子，妻子儿女。

②欲语羞雷同：出自唐代诗人杜甫的《前出塞》九首之九：“从军十年余，能无分寸功。众人贵苟得，欲语羞雷同。中原有斗争，况在狄与戎。丈夫四方志，安可辞固穷。”本意是不愿同他人一样争功。此处指立意不与他人雷同，发别人所未发之议论。

【译文】

能够阐发前人没有发出过的议论，才算是稀奇的书；能够谈及对妻子儿女都难言的衷情，才是亲密无间的朋友。

【原评译文】

孙恺似说：前两句话是张先生写书的才能。

毕右万说：稀奇罕见的书我倒是有好几种，可别人不愿意看怎么办？

陆云士说：《幽梦影》一书所发表的，都是前人没发出过的议论；所说的话都是难以用语言表达的感情。我也想说这一类的话，但又害怕与此相同，可以拿来作为题赠。

## 第一〇二则

【原文】

一介之士[①]，必有密友，密友不必定是刎颈之交[②]。大率虽千百里之遥[③]，皆可相信，而不为浮言所动[4]；闻有谤之者，即多方为之辩析而后已；事之宜行宜止者，代为筹画决断；或事当利害关头，有所需而后济者[5]，即不必与闻[6]，亦不虑其负我与否，竟为力承其事。此皆所谓密友也。

【原评】

殷日戒曰：后段更见恳切周详，可以想见其为人矣。

石天外曰：如此密友，人生能得几个？仆愿心斋先生当之。

【注释】

①一介之士：一个普通人。一介，一个，多指一个人，多含有藐小、卑贱的意思。用于自称为谦词。《礼记·杂记上》："寡君有宗庙之事，不得承事，使一介老某相执綍。"

②刎（wěn）颈之交：比喻可以同生死、共患难的朋友。语出《史记·廉颇蔺相如列传》："卒相与欢，为刎颈之交。"同书《张耳陈余列传》："两人相与为刎颈交。"

③大率：大概，大致来说。

④浮言：流言蜚语，没有根据的话。

⑤济：成功。

⑥即：即使，就算。不必与闻：不一定亲自听当事的朋友说起。

【译文】

一个普通的人也一定会有亲密的朋友。亲密的朋友不一定就是同生死、共患难的刎颈之交。大致来说，即使相隔千百里之遥，都能彼此信任，不因流言蜚语而动摇；听到别人诽谤自己的朋友，便多方面为他辩白剖析，澄清事实才罢；遇事哪些该做、哪些不该做，替朋友谋划决断；有时事情处在利害关系的紧要关头，有所需要帮助以后才能解除困境的，就不一定要让朋友知道，也不考虑将来他是否会辜负自己，毫不犹豫地尽力替他承担这件事情。这些都是所说的亲密朋友。

【原评译文】

殷日戒说：后边一段更看得出诚恳细致，可以想象出张先生的做人行事了。

石天外说：像这样亲密的朋友，人的一生中能遇到几个？我希望张先生能做我的亲密朋友。

## 第一〇三则

【原文】

风流自赏，只容花鸟趋陪[①]；真率谁知？合受烟霞供养[②]。

【原评】

江含徵曰：东坡有云[③]：“当此之时，若有所思而无所思。”

【注释】

①趋陪：亲近陪伴。

②合：应该。烟霞：变化的云气。供养：将饮食等供献给神佛或以饭食

招待僧人，这里泛指供给营养。

③东坡有云：出自苏轼《书临皋亭》："东坡居士酒醉饭饱，倚于几上，白云左缭，清江右洄，重门洞开，林峦岔入。当是时，若有所思而无所思，以受万物之备。"

【译文】

文采风流而自我欣赏，只许花鸟相随为伴；真诚直率的心地无人明了，当然应该纵情湖山，接受霞雾的供奉。

【原评译文】

江含徵说：苏东坡说过："处在这种时候，好像有所思虑而又没有什么可想的。"

## 第一〇四则

【原文】

万事可忘，难忘者名心一段[①]；千般易淡[②]，未淡者美酒三杯。

【原评】

张竹坡曰：是闻鸡起舞、酒后耳热气象[③]。

王丹麓曰：予性不耐饮，美酒亦易淡。所最难忘者，名耳！

陆云士曰：惟恐不好名，丹麓此言具见真处。

【注释】

①名心：求取名誉的心情。

②淡：淡泊，失去兴趣。

③闻鸡起舞：听到鸡叫就起来舞剑。后比喻有志报国的人及时奋起。典出《晋书·祖逖传》："中夜闻荒鸡鸣，蹴琨觉，曰：'此非恶声也。'因起

舞。”酒后耳热：形容喝酒喝得正高兴的时候。

【译文】

万事都可以忘却，只有求取功名的心事难以忘怀；千般情怀都容易淡忘，不能淡忘的是美酒三杯。

【原评译文】

张竹坡说：这是闻鸡起舞、喝酒喝到高兴时的气概。

王丹麓说：我生性不能饮酒，美酒也容易淡忘。最不能忘怀的还是求取功名的心啊。

陆云士说：唯恐不喜好追求功名，丹麓这番话最能看出真实之处。

## 第一〇五则

【原文】

芰荷可食[1]，而亦可衣[2]；金石可器[3]，而亦可服。

【原评】

张竹坡曰：然后知濂溪不过为衣食计耳[4]。

王司直曰：今之为衣食计者，果似濂溪否？

【注释】

①芰（jì）荷：指菱与荷。两者都可以吃。《楚辞·离骚》：“制芰荷以为衣兮，集芙蓉以为裳。”

②衣：动词，芰叶和莲叶可以做成衣服穿。

③金石：既指用来加工成器具的金属和石头，又指古代道家的丹药。器：动词，制成器具。

④濂溪：周敦颐（1017—1073 年），原名敦实，字茂叔，号濂溪，道州

（今湖南道县）人，人称濂溪先生。北宋思想家、理学家，宋明理学创始人之一。他曾经写过《爱莲说》，表达对莲花的喜爱。

【译文】

菱与荷既可以食用，又可以制成衣服穿；金石可以制作器具，也可以炼制金丹服用。

【原评译文】

张竹坡说：读此话后才明白周敦颐喜爱荷花不过是为了穿衣吃饭之计罢了。

王司直说：现在这些为衣食之计的人，果然像周敦颐那样清高耿直吗？

## 第一〇六则

【原文】

宜于耳复宜于目者，弹琴也，吹箫也；宜于耳不宜于目者，吹笙也①，擪管也②。

【原评】

李圣许曰：宜于目不宜于耳者，狮子吼之美妇人也③；不宜于目并不宜于耳者，面目可憎、语言无味之纨袴子也④。

庞天池曰：宜于耳复宜于目者，巧言令色也⑤。

【注释】

①笙：管乐器名，一般用十三根长短不同的竹管制成。

②擪（yè）：用手指按捺。管：竹制乐器。

③狮子吼：河东狮吼，喻悍妻怒骂之声。苏轼有《寄吴德仁兼简陈季常》诗："龙丘居士亦可怜，谈空说有夜不眠。忽闻河东狮子吼，拄杖落手心茫

然。”宋代陈慥，字季常，自称龙丘居士，是苏轼的朋友。他好谈佛，而其妻柳氏悍妒，故苏轼以佛家语赋诗戏之。河东为柳姓的郡望，比如唐代柳宗元世称柳河东，这里代指柳氏。狮子吼，佛家比喻佛祖讲经威严，声震世界，因为陈季常喜欢谈佛，所以借用这个佛学术语来戏称柳氏之怒。后人多用河东狮子来泛称悍妇、泼妇，用河东狮子吼来形容悍妇发怒叫骂，以季常之癖来代指惧内。

④纨袴（wán kù）子：衣着华美的年轻人。旧时指富贵人家成天吃喝玩乐、不务正业的子弟。

⑤巧言令色：用动听的言语和伪善的面目取悦于人。巧言，花言巧语。令色，讨好的表情。《论语·学而》：“巧言令色，鲜矣仁。”

【译文】

既好听而又悦目的是弹琴和吹箫，好听而看上去不太雅观的是吹笙和吹笛子。

【原评译文】

李圣许说：适合看而不适

合听的，是凶悍而又漂亮的女人；不适合看也不适宜听的，是面目令人憎恶、语言庸俗乏味的有钱人家的子弟。

庞天池说：既好听又好看的，是用动听的言语和伪善的面目取悦于人的行为。

## 第一〇七则

【原文】

看晓妆，宜于傅粉之后①。

【原评】

余淡心曰：看晚妆，不知心斋以为宜于何时？

周冰持曰②：不可说，不可说！

黄交三曰："水晶帘下看梳头"③，不知尔时曾傅粉否？

庞天池曰：看残妆，宜于微醉后，然眼花缭乱矣。

【注释】

①傅粉：搽粉。

②周冰持：周稚廉（1666—1694年），字冰持，号可笑人，江苏华亭（今上海松江）人。少时以《钱塘观潮赋》知名，作有传奇数十种。以国子监生试礼部，屡试不第，愤懑以死。著有传奇《珊瑚玦》《双忠庙》《元宝媒》，另有《容居堂诗抄》七卷、《容居堂词抄》三卷。

③水晶帘下看梳头：语出唐代诗人元稹《离思》五首之二："山泉散漫绕阶流，万树桃花映小楼。闲读道书慵未起，水晶帘下看梳头。"尔时：犹言其时或彼时。

【译文】

看女子清晨的妆饰，应该在她涂了粉之后。

【原评译文】

余淡心说：看女子晚间的妆饰，不知道张先生认为适合在什么时候？

周冰持说：不可以说出来，不可以说出来！

黄交三说：在水晶制作的帘子外面观看梳头，不知这时候擦粉了没有？

庞天池说：看残妆适宜在微微有醉意之后，然而那时候就眼前纷繁情思恍惚了。

## 第一〇八则

【原文】

我不知我之生前[①]，当春秋之季，曾一识西施否[②]？当典午之时[③]，曾一看卫玠否[④]？当义熙之世[⑤]，曾一醉渊明否？当天宝之代[⑥]，曾一睹太真否？当元丰之朝[⑦]，曾一晤东坡否？千古之上，相思者不止此数人，而此数人则其尤甚者，故姑举之以概其余也。

【原评】

杨圣藻曰：君前生曾与诸君周旋，亦未可知。但今生忘之耳。

纪伯紫曰[⑧]：君之前生，或竟是渊明、东坡诸人，亦未可知。

王名友曰：不特此也。心斋自云“愿来生为绝代佳人”，又安知西施、太真，不即为其前生耶？

郑破水曰：赞叹爱慕，千古一情。美人不必为妻妾，名士不必为朋友，又何必问之前生也耶？心斋真情痴也。

陆云士曰：余尝有诗曰：“自昔闻佛言，人有轮回事。前生为古人，不知何姓氏？或览青史中，若与他人遇。”竟与心斋同情，然大逊其奇快。

【注释】

①生前：指转世为这个人之前，即前世。佛家有轮回转世之说。

②西施：春秋时期的越国美女。或称先施，别名夷光，亦称西子。姓施，春秋末年越国苎罗人。越王勾践败于会稽，范蠡取西施献吴王夫差，使其迷惑忘政。越遂亡吴。后西施归范蠡，同泛五湖。事见《吴越春秋·勾践阴谋外传》。一说吴亡后，越沉西施于江。

③典午：隐指司马，是晋朝的代称。《三国志·蜀书·谯周传》："周语次，因书版示立曰：'典午忽兮，月酉没兮。'典午者，谓司马也；月酉者，谓八月也。至八月而文王（司马昭）果崩。"典，掌管，与"司"同义。午，十二生肖中对应马。

④卫玠（286—312 年）：字叔宝，小字虎，晋朝河东安邑人。他容貌俊美，风采极佳，被称为玉人。卫玠的舅舅骠骑将军王济，亦具丰姿，但每见到他便叹说："珠玉在前，觉我

形秽。”又说“与玠同游，炯若明珠之在侧，朗然照人耳”。卫玠曾担任太傅西阁祭酒、太子洗马。他身体不好，有羸疾，乘白羊车到洛阳市集时，常被人群包围，不堪劳累。怀帝永嘉六年（312），卒于南昌，时人认为他是被“看杀”，故有成语“看杀卫玠”。《晋书·卫玠传》：“京师人士闻其姿容，观者如堵。玠劳疾遂甚，永嘉六年卒，时年二十七，时人谓玠被看杀。”

⑤义熙：东晋安帝的年号，也是东晋最后一个年号，公元405—418年。

⑥天宝：唐玄宗时的年号，公元742—756年。唐玄宗开元、天宝时被称为盛世。

⑦元丰：宋神宗时的年号，公元1078—1085年。

⑧纪伯紫：纪映钟（1609—1681年），字伯紫，又作伯子、蘖子，号憨叟，自称钟山遗老，明末清初江南上元（今江苏南京）人，后移居仪征，是纪青之子。明诸生。崇祯时为复社领袖，明亡后，弃诸生，躬耕养母。工诗善书，知名海内。著有《真冷堂诗稿》《憨叟诗钞》。

【译文】

我不知道我的前生，在春秋时代是否曾经与西施相识？在晋朝时，是否曾经看过玉人王玠？在东晋义熙年间，是否曾经与陶渊明醉饮？在唐朝天宝年间，曾经见过杨贵妃之面？在宋朝元丰年间，是否曾与苏东坡见过一面？千百年来，令我思慕的不止这几个人，但他们却是其中的典型人物，所以姑且列举他们来概括其他人。

【原评译文】

杨圣藻说：张先生前世是否曾经与这些人交往已经不可能知道，只是现在已经把他们忘记了啊。

纪伯紫说：张先生的前世或者就是陶渊明、苏东坡等人，也不一定。

王名友说：不仅如此。张先生自己说希望来生做个绝代美人，又怎么知道西施、杨贵妃，不就是他的前世呢？

郑破水说：赞叹爱慕，千百年来感情是一样的。美人不一定要娶作妻妾，名人侠士不一定要成为朋友，又何必要问前世呢？张先生真是一个感情专注的人。

陆云士说：我曾经写诗说："自昔闻佛言，人有轮回事。前生为古人，不知何姓氏？或览青史中，若与他人遇。"竟然与张先生有共同的感受，然而远逊于他的奇思快想。

## 第一〇九则

【原文】

我又不知在隆、万时[①]，曾于旧院中交几名妓[②]？眉公、伯虎、若士、赤水诸君[③]，曾共我谈笑几回？茫茫宇宙，我今当向谁问之耶？

【原评】

江含徵曰：死者有知，则良晤匪遥[④]。如各化为异物[⑤]，吾未如之何也已。

顾天石曰：具此襟情，百年后当有恨不与心斋周旋者，则吾幸矣。

【注释】

①隆、万：指隆庆、万历年间。隆庆，明穆宗年号，公元1567—1572年；万历，明神宗年号（1573—1620年）。这一时期，政治荒废、经济发达、世风奢靡颓废，士人们纵情声色。

②旧院：在今南京，明朝为妓女聚集的地方。清代余怀在《板桥杂记·雅游》中有对旧院的记载："旧院，人称曲中，前门对武定桥，后门在钞库街，妓家鳞次，比屋而居。"

③眉公：陈继儒（1558—1639年），字仲醇，号眉公，又号麋公，明松江华亭（今属上海）人。他志趣高雅，博学多通。工诗善文、能书画，短札小词皆极风致，著述甚丰，有《眉公全集》《晚香堂小品》等。伯虎：唐寅（1470—1523年），吴县（今江苏苏州）人，字伯虎，一字子畏，号六如居

士、桃花庵主等。若士：即汤显祖，初字义少，改字义仍，号海若、若士、清远道人、茧翁，明抚州府临川人。早有文名，不应首辅张居正延揽而四次落第。万历十一年（1583）进士。官南京太常博士，迁礼部主事。以疏劾大学士申时行，谪徐闻典史。后迁遂昌知县，不附权贵，被削职。归居玉茗堂，专心戏曲，卓然为大家。与早期东林党领袖顾宪成、高攀龙、邹元标及当时著名文人袁宏道、沈茂学、屠隆、徐渭、梅鼎祚等相友善。有《紫钗记》（《紫箫记》改本）《牡丹亭》《邯郸记》《南柯记》，合称“玉茗堂四梦”或“临川四梦”。另有诗文集《红泉逸草》《问棘邮草》《玉茗堂集》。赤水：屠隆（1542—1605年），字长卿，一字纬真，号赤水、鸿苞居士等，明鄞县（今浙江宁波）人。万历五年（1577）进士，做过礼部主事，被劾罢归，纵情诗酒，家贫，以卖文为生。著有传奇《彩毫记》《罢花记》《修文记》，另有《义士传》《冥寥子》《由拳集》《白榆集》等，晚年有小品集《娑罗馆清言》及《续娑罗馆清言》。

④良晤：欢聚。

⑤异物：指已经死去的人。《史记·屈原贾生列传》：“化为异物兮，又何足患！”司马贞索隐：“谓死而形化为鬼，是为异物。”

【译文】

我也不知道自己若是生在明朝隆庆、万历年间，曾于妓院中交往过几位有名的妓女？陈继儒、唐伯虎、汤显祖、屠隆等几位君子，曾与我一起谈笑过几回？无边无际的时间和空间，我现在应该向谁去询问这些事呢？

【原评译文】

江含徵说：如果死去的人有知觉，那么欢聚并不遥远。如果是死后各自变成其他异类，那我就不知道怎么办了。

顾天石说：张先生具有这种胸襟情怀，百年之后应当会有遗憾不能与张先生交往的人，那么我非常幸运了啊。

# 第一一〇则

【原文】

文章是有字句之锦绣，锦绣是无字句之文章，两者同出于一原①。姑即粗迹论之②，如金陵③，如武林④，如姑苏⑤，书林之所在⑥，即机杼之所在也⑦。

【注释】

①原：本原，源头。

②粗迹：指表面现象。

③金陵：今江苏南京。

④武林：今浙江杭州。

⑤姑苏：今江苏苏州。

⑥书林：刻书的书坊或藏书之处，泛指文化学术兴盛的地方。

⑦机杼：织机，此处代指纺织业，也喻指诗文的构思。

【译文】

文章是由字句织出的锦绣制品，锦绣制品是没有字句的文章，文章与锦绣同出于一个源头。姑且用粗浅的事迹证明它，如南京、杭州、苏州，是出文章的地方，也是出纺织品的地方。

# 第一一一则

【原文】

予尝集诸法帖字为诗①，字之不复而多者，莫善于《千字文》②。然诗家目前常用之字，犹苦其未备。如天文之烟霞风雪，地理之江山塘岸，时令之春宵晓暮，人物之翁僧渔樵，花木之花柳苔萍，鸟兽之蜂蝶莺燕，宫室之台槛轩窗，器用之舟船壶杖，人事之梦忆愁恨，衣服之裙袖锦绮，饮食之茶浆饮酌，身体之须眉韵态，声色之红绿香艳，文史之骚赋题吟，数目之一三双半，皆无其字。《千字文》且然，况其他乎？

【原评】

黄仙裳曰：山来此种诗，竟似为我而设。

顾天石曰：使其皆备，则《千字文》不为奇矣。吾尝于千字之外，另集千字，而已不可复得，更奇。

【注释】

①法帖：名家书法墨迹的拓本或印本。宋代曹士冕《法帖谱系·杂说上》："太宗皇帝时，尝遣使购募前贤真迹，集为法帖十卷，镂板而藏之。"

②《千字文》：原名为《次韵王羲之书千字》，是古代用来教儿童识字的重要启蒙读物，由南朝梁周兴嗣所作，和《三字经》《百家姓》合称"三百千"。李倬《尚书故实》记载梁武帝命大臣殷铁石模次王羲之书碣碑石的字迹，又要求拓出互不重复的一千个字，以赐八王。殷铁石拓出后，此千余字互不联属，梁武帝又命令周兴嗣将这一千字编成一篇文章，周兴嗣竟一夜编成。全文由"天地玄黄"到"焉哉乎也"，总共二百五十个隔句押韵的四字短句构成，很便于记诵。内容包含天文、地理、历史、农耕、

园艺、饮食起居、修身养性、纲常礼教等各个方面，整篇文章一字都不重复。

【译文】

我曾经收集了许多规范字帖上的字凑成诗，字不相重复而又多的，没有好过《千字文》的。但是写诗的人目前常用的字，还是苦于它不完备。如天文类的烟、霞、风、雪，地理类的江、山、塘、岸，时令类的春、宵、晓、暮，人物类的翁、僧、渔、樵，花木类的花、柳、苔、萍，鸟兽类的蜂、蝶、鸯、燕，宫室类的台、槛、轩、窗，器用类的舟、船、壶、杖，人事类的梦、忆、愁、恨，衣服类的裙、袖、锦、绮，饮食类的茶、浆、饮、酌，身体类的须、眉、韵、态，声色类的红、绿、香、艳，文史类的骚、赋、题、吟，数目类的一、三、双、半，这些字在《千字文》上都没有。《千字文》尚且如此，何况其他书帖呢？

【原评译文】

黄仙裳说：张先生的这种集字诗，竟然好像是为我所设的。

顾天石说：假如其他字帖每个字都能具备，那《千字文》就不算奇特了。我曾经在《千字文》之外，另外搜集了千字，然而已经不能再得到新的字了，因此更是奇特。

## 第一一二则

【原文】

花不可见其落，月不可见其沉，美人不可见其夭。

【原评】

朱其恭曰：君言谬矣。洵如所云，则美人必见其发白齿豁而后快耶？

【译文】

花朵最不堪看到的是它的凋落，月亮最不堪看到的是它的沉落，佳人最不堪看到的是她的早逝。

【原评译文】

朱其恭说：张先生这话错了啊。确实如您所说的那样，那么美人一定要看到她头发变白、牙齿缺落才高兴吗?

## 第一一三则

【原文】

种花须见其开，待月须见其满，著书须见其成，美人须见其畅适①，方有实际②，否则皆为虚设③。

【原评】

王璞庵④曰：此条与上条互相发明，盖曰："花不可见其落耳，必须见其开也。"

【注释】

①畅适：舒畅顺适。

②实际：切实的价值。

③虚设：徒具其表、没有实际意义的摆设。

④王璞庵：不详。

【译文】

种花一定要见到它盛开，赏月必须看到它圆满，撰写著作一定要看到书成，美人一定要看到她畅意舒适，这才有意义，否则这一切都是虚妄不实的。

【原评译文】

王瑛庵说：这一条与上一条互相阐发，大概是说："花儿不可以看见它凋落，一定要看到它开放。"

## 第一一四则

【原文】

惠施多方，其书五车[①]；虞卿以穷愁著书[②]。今皆不传，不知书中果作何语？我不见古人，安得不恨！

【原评】

王仔园曰[③]：想亦与《幽梦影》相类耳。

顾天石曰：古人所读之书，所著之书，若不被秦人烧尽，则奇奇怪怪，可供今人刻画者，知复何限？然如《幽梦影》等书出，不必思古人矣。

倪永清曰：有著书之名，而不见书，省人多少指摘。

庞天池曰：我独恨古人不见心斋。

【注释】

①惠施多方，其书五车：惠施博学多识，著述有五车那么多。惠施，战国时期宋国人，是诸子百家中名家（逻辑学）的代表人物，称为惠子，与庄子既是辩论对手，又是好朋友。有《惠子》，已佚。多方，学识渊博。方，学术。语出《庄子·天下主》："惠施多方，其书五车。"

②虞卿：或作虞庆、吴庆。战国时游说之士，虞氏，名失传。因游说赵孝成王，为赵上卿，故号虞卿。他主张以赵为主，合纵抗秦。后因救魏相魏齐，弃相印与魏齐逃亡，困于梁。魏齐自尽，虞卿穷愁著书，有《虞氏春秋》，今佚，清人有辑本。

③王仔园：王宾（1628—1682年），字宾玉，号仔园，清江都（今江苏扬州）人。康熙二年（1663）举人。工诗词，与孙枝蔚、汪耀麟、汪懋麟等人过从甚密。著有《一草亭集》。

【译文】

惠施的学识广博，他的著作可装载五车；虞卿在生活穷困忧愁的情况下著书立说。至今他们的著作没有流传下来的，不知道他们在书中到底写些什么？我不能读到这些古人的思想，怎能不感到遗憾呢？

【原评译文】

王仔园说：想来这些书也跟《幽梦影》相似吧。

顾天石说：古人所读的书，所写的书，假如不被秦朝人烧光，那么各种奇奇怪怪，可以让今人刻板印刷的书就不知道有多少了。然而像《幽梦影》这样的书一出现，就没有必要去思念古人了。

倪永清说：有写书的名声但见不到他们所写的书，省去别人多少指责批评。

庞天池说：我只遗憾古人不能见到张先生。

# 第一一五则

【原文】

以松花为粮①，以松实为香②，以松枝为麈尾③，以松阴为步障④，以松涛为鼓吹⑤。山居得乔松百余章⑥，真乃受用不尽。

【原评】

施愚山曰⑦：君独不记曾有松多大蚁之恨耶？

江含徵曰：松多大蚁，不妨便为蚁王。

石天外曰：坐乔松下，如在水晶宫中，见万顷波涛总在头上，真仙境也。

【注释】

①松花：松树的花。据明代李时珍《本草纲目》记载："松花，别名松黄……润心肺，益气，除风止血。亦可酿酒。"

②松实为香：松树的果实含有脂状物，成为松脂、松香等，可以入药、可以照明，有天然芳香。

③麈（zhǔ）尾：古人闲谈时执以驱虫、掸尘的一种工具。在细长的木条两边及上端插设兽毛，或直接让兽毛垂露外面，类似马尾松。因古代传说麈迁徙时，以前麈之尾为方向标志，故有此称。后古人清谈时必执麈尾，相沿成习，为名流雅器，不谈时，亦常执在手。麈，驼鹿，古人称四不像，因为它角像鹿、蹄像牛、尾像驴、颈背像骆驼而得名。

④松阴：松树的树荫。步障：用以遮蔽风尘或隔离内外的一种屏幕。《晋书·石崇传》："（崇）举贵戚王恺、羊琇之徒，以奢靡相尚……恺作紫丝布步障四十里，崇作锦步障五十里以敌之。"

⑤松涛：风吹过松林，松枝互相碰击发出的如波涛般的声音，也称松风。

鼓吹：古代的军中之乐。唐代李山甫《陪郑先辈华山罗谷访张隐者》诗有：“谷风闻鼓吹，苔石见文章。”

⑥乔松：高大的松树。乔，高。《诗经·郑风·山有扶苏》：“山有乔松，隰有游龙。”章：大的树木。

⑦施愚山：施闰章（1618—1683年），明末清初宣城（今属安徽）人，字尚白，号愚山、蠖斋。顺治六年（1649）进士，授刑部主事，因试高第，充山东学政。历官江西分守湖西道布政司参议。康熙十八年（1661），举博学鸿儒，授侍讲，预修《明史》，进侍读，所至有治绩。文章醇雅，尤工于诗，与宋琬有“南施北宋”之名，据东南诗坛数十年，号“宣城体”。著有《学余堂文集》《试院冰渊》《青原志略补辑》《矩斋杂记》《蠖斋诗话》。

【译文】

把松树的花作为粮食，把松树的果实作为熏香，用松树的枝叶作为拂尘，把松树的树荫当作屏障，把起伏的松涛当作音乐。住在山中，如果有上百棵高大的松树，真是令人享用不尽的福分。

【原评译文】

施愚山说：张先生不记得曾说过松树下有许多大蚂蚁的遗憾了吧？

江含徵说：松树下多有大蚂蚁，不妨就做蚁王。

石天外说：坐在高大的松树下，如同身在水晶宫中，看见万顷波浪一直在头顶上，真是仙境啊。

## 第一一六则

【原文】

玩月之法，皎洁则宜仰观，朦胧则宜俯视。

【原评】

孔东塘曰：深得玩月三昧[1]。

【注释】

①三昧：奥妙，诀窍。

【译文】

赏玩月色的方法是：月色皎洁时应该抬头仰望，月色朦胧时则适合由高处向下看。

【原评译文】

孔东塘说：深得玩赏月色的奥秘。

## 第一一七则

【原文】

孩提之童[1]，一无所知，目不能辨美恶，耳不能判清浊，鼻不能别香臭。至若味之甘苦，则不第知之，且能取之弃之。告子以甘食、悦色为性[2]，殆指此类耳[3]。

【注释】

①孩提之童：指尚在襁褓之中、刚刚知道笑的幼儿，一般指两三岁以内的孩子。《孟子·尽心上》："孩提之童，吾不知爱其亲者。"

②告子以甘食、悦色为性：告子将喜欢甘美的食物和喜欢美色，视为人类的本性。告子，战国时人，或说名不害，与孟子同时，主张人性无善恶说，又主张"食、色，性也"，认为喜欢甘甜的饮食和美色，这是人类的本性。

③殆：大概。

【译文】

尚在襁褓中的婴儿，什么都不知道，眼睛不能辨别美好与恶丑，耳朵不能判别清浊之音，鼻子不能分辨香臭之嗅。至于味道的苦甜，则不仅知道，而且还能知道要什么不要什么。告子把喜欢吃甘美的东西、喜欢美色视为人的本性，大概指的就是这一类人吧。

## 第一一八则

【原文】

凡事不宜刻，若读书则不可不刻①；凡事不宜贪，若买书则不可不贪②；凡事不宜痴，若行善则不可不痴③。

【原评】

余淡心曰：读书不可不刻，请去一“读”字，移以赠我，何如？

张竹坡曰：我为刻书累，请并去一“不”字。

杨圣藻曰：行善不痴，是邀名矣。

【注释】

①刻：前一个是苛刻、严苛之意，后一个是刻苦、深入之意。

②贪：前一个是贪婪、贪得无厌

之意，后一个是如饥似渴、不知满足之意。

③痴：前一个是愚笨之意，后一个是沉迷、专注之意。

【译文】

不论什么事情都不应该太严苛，但如果是读书则不能不刻苦；不论什么事情都不应该太贪婪，但如果是买书就不能不贪多；不论做什么事情都不应该太沉迷，但如果是做善事则不能不沉迷。

【原评译文】

余淡心说：读书不能不严苛，请去掉一个“读”字，拿来送给我，怎么样?

张竹坡说：我因为刻印书籍劳累，请一并去掉一个“不”字。

杨圣藻说：做善事不痴迷，就是追求名声啊。

## 第一一九则

【原文】

酒可好，不可骂座[①]；色可好，不可伤生[②]；财可好，不可昧心[③]；气可好，不可越理[④]。

【原评】

袁中江曰：如灌夫使酒[⑤]，文园病肺[⑥]，昨夜南塘一出[⑦]，马上挟章台柳归[⑧]，亦自无妨。觉愈见英雄本色也。

【注释】

①骂座：亦作“骂坐”，辱骂同席的人。

②伤生：指因放纵色欲而伤害身体，有损健康。

③昧心：违背良心。

④越理：超出常理，不合情理。

⑤灌夫使酒：灌夫借饮酒发泄自己心中的不满。灌夫，字仲孺，西汉人，初以勇武闻名，为人刚直不阿，任侠，好饮酒骂人。与丞相田蚡不和，后因在蚡处使酒骂座，戏侮田蚡，为蚡所劾，以不敬罪族诛。事见《史记·魏其武安侯列传》。

⑥文园病肺：司马相如有消渴症，因与卓文君相好，引发痼疾，卒死于此病。文中是以此作为好色伤生的例子。文园，指西汉文学家司马相如（前179—前118年），他曾出任孝文园令，所以称他为文园。相如为西汉蜀郡成都（今属四川）人，字长卿，是汉武帝时著名的辞赋家，著有《子虚赋》《上林赋》等。事迹见《史记》《汉书》中本传。

⑦昨夜南塘一出：昨天夜里又到南塘走了一趟，指的是祖逖夜里带人出门劫掠的事。南塘，秦淮河南岸。塘，堤岸。一出，一番，一回。故事出自《世说新语·任诞》："祖车骑过江时，公私俭薄，无好服玩。王、庾诸公共就祖，忽见裘袍重叠，珍饰盈列。诸公怪问之，祖曰：'昨夜复南塘一出。'祖于时恒自使健儿鼓行劫钞，在事之人，亦容而不问。"

⑧马上挟章台柳归：故事出自唐许尧佐的传奇小说《柳氏传》（也做《章台柳》）：唐韩翊有姬柳氏，以艳丽称。韩获选上第归家省亲；柳留居长安，安史乱起，出家为尼。后韩为平卢节度使侯希逸书记，使人寄柳诗曰："章台柳，章台柳，昔日青青今在否？纵使长条似旧垂，亦应攀折他人手。"柳为蕃将沙吒利所劫，侯希逸部将许俊以计夺还归韩。

**【译文】**

可以嗜好饮酒，但不能醉后骂人；可以爱好美色，但不能纵欲伤身；可以贪恋钱财，但不能昧着良心赚钱；可以发泄愤慨，但不能逾越道理。

**【原评译文】**

袁中江说：像灌夫借饮酒发泄自己心中的不满，司马相如因与卓文君相好而引发痼疾，祖逖夜里带人出门劫掠，许俊马上携章台柳氏而归，也自然没有妨碍。我觉得愈发显现出英雄本色。

# 第一二〇则

【原文】

文名可以当科第①，俭德可以当货财②，清闲可以当寿考③。

【原评】

聂晋人曰：若名人而登甲第，富翁而不骄奢，寿翁而又清闲，便是蓬壶三岛中人也④。

范汝受曰⑤：此亦是贫贱文人无所事事，自为慰藉云耳，恐亦无实在受用处也。

曾青藜曰⑥："无事此静坐，一日似两日。若活七十年，便是百四十。"此是"清闲当寿考"注脚。

石天外曰：得老子退一步法。

顾天石曰：予生平喜游，每逢佳山水辄留连不去，亦自谓可当园亭之乐。质之心斋，以为然否？

【注释】

①文名：善于写文章的名声。科第：指参加科举考试中第，取得功名。本意是指按照科条来决定等级次第。

②俭德：勤俭的美德。

③寿考：长寿。考，老。

④蓬壶三岛中人：即神仙。蓬壶三岛，指传说中的蓬莱、方丈、瀛洲三座海上仙山。亦泛指仙境。唐代郑畋《题缑山王子晋庙》："六宫攀不住，三岛互相招。"

⑤范汝受：范国禄（1623—1696年），字汝受，号十山，通州（今江苏

南通）人。父凤翼，东林党人，入清不仕。国禄屡试不第，游踪半天下，著有《十山楼稿》。

⑥曾青藜：曾灿（1625—1689年），原名传灿，字青藜，号止山，宁都（今属江西）人。崇祯末年兵部给事中曾应遴第二子，曾任兵部职方主事，参南明唐王军事，败后削发为僧出游。回里筑六松草堂，躬耕养母数年，后又出游东南，居苏州光福二十余年。与魏禧及魏际瑞、魏礼、彭士望等合称“易堂九子”。晚年以笔舌糊口四方，卒于京师。曾选同时人诗二十卷为《过日集》，又有《六松草堂文集》《西崦草堂诗集》等。

【译文】

以文采而闻名可以代替科场及第，有勤俭的品德可以代替财产丰厚，清闲度日可以代替长寿。

【原评译文】

聂晋人说：如果有名望的人又科举登上甲第，家中富有而不骄横奢侈，身为长寿翁而又清闲无事，便是蓬莱三岛中的神仙。

范汝受说：这也是贫穷卑微

的读书人整天没什么事情，自己宽慰自己罢了，恐怕也没有什么实际上的好处。

曾青藜说：“无事此静坐，一日似两日。若活七十年，便是百四十。”这是“清闲度日可以代替长寿”这句话的注解。

石天外说：这种议论深得老子后退一步的说法。

顾天石说：我平常喜欢游玩，每当遇到好山水就留恋不离去，也自认为可以代替园林亭台之乐。请问张先生是不是这样呢？

## 第一二一则

【原文】

不独诵其诗、读其书①，是尚友古人②，即观其字画，亦是尚友古人处。

【原评】

张竹坡曰：能友字画中之古人，则九原皆为之感泣矣③。

【注释】

①诵其诗、读其书：吟咏他们作的诗，读他们著的书。语出《孟子·万章下》：“以友天下之善士为未足，又尚论古之人。颂其诗，读其书，不知其人，可乎？是以论其世也。”颂，同“诵”。

②尚友：上与古人为友。《孟子·万章下》：“是以论其世也，是尚友也。”尚，同“上”。

③九原：本为山名，这里泛指墓地。唐代皎然《短歌行》有：“萧萧烟雨九原上，白杨青松葬者谁？”感泣：感动地落泪。

【译文】

不只是吟咏他们作的诗、诵读他们著的书是与古人为友，就连欣赏他们

的字画，也是把前人当作朋友的举动。

【原评译文】

张竹坡说：能与字画中的古人为友，那么坟墓之下的人都为之感动地落泪了。

## 第一二二则

【原文】

无益之施舍，莫过于斋僧[1]；无益之诗文，莫甚于祝寿。

【原评】

张竹坡曰：无益之心思，莫过于忧贫；无益之学问，莫过于务名。

殷简堂曰[2]：若诗文有笔资[3]，亦未尝不可。

庞天池曰：有益之施舍，莫过于多送我《幽梦影》几册。

【注释】

①斋僧：将斋食施舍给僧人。

②殷简堂：不详。

③笔资：写字、绘画、撰文所得的报酬。

【译文】

毫无益处的施舍，莫过于把斋饭施舍给僧人。没有益处的诗词文章，没有比祝贺寿诞之文更无聊的。

【原评译文】

张竹坡说：毫无益处的心思，没有比担忧贫穷更无用的；毫无益处的学问，没有比追求虚名更大的过失。

殷简堂说：假如写祝贺寿诞的诗词文章有稿酬，也未尝不可以。

庞天池说：有益处的施舍，莫过于多送我几册《幽梦影》。

# 第一二三则

【原文】

妾美不如妻贤，钱多不如境顺。

【原评】

张竹坡曰：此所谓竿头欲进步者。然妻不贤，安用妾美？钱不多，那得境顺？

张迂庵曰：此盖谓二者不可得兼，舍一而取一者也。又曰：世固有钱多而境不顺者。

【译文】

侍妾貌美不如妻子贤惠，钱财多不如处境顺利。

【原评译文】

张竹坡说：这就是所谓的百尺竿头还想要更进一步。但是妻子如果不贤惠，侍妾美貌有何用？钱如果不多，怎么能够境遇顺畅？

张迂庵说：这大概就是所说的两者不能兼得，舍弃其中一个而取另一个。又说：世上确实有钱多但是处境不顺利的人。

# 第一二四则

**【原文】**

创新庵不若修古庙①，读生书不若温旧业②。

**【原评】**

张竹坡曰：是真会读书者，是真读过万卷书者，是真一书曾读过数遍者。

顾天石曰：惟《左传》《楚词》、马、班、杜、韩之诗文，及《水浒》《西厢》《还魂》等书，虽读百遍不厌。此外皆不耐温者矣，奈何？

王安节③曰：今世建生祠④，又不若创茅庵。

**【注释】**

①庵：小的庙宇，多为尼姑居住修行的地方。

②生书：未读过的书或书中没有读过的内容。温：温习。旧业：已学过的课业。

③王安节：王概（1645—约1710年），清秀水（今浙江嘉兴）人，初名丐，字东郭，一字安节。能诗，善山水。精刻印，兼精刻竹。后久居南京，以卖画为生。曾编《芥子园画传》，又与弟王蓍、王臬合编《芥子园画传》二集、三集。著有《学画浅说》。因喜结达官贵人，时人称之“天下热客王安节”。

④生祠：旧时指为还活着的人所修建的祠堂。明代魏忠贤当权时期，谄媚者或慑于其势焰者为其建生祠，遍于全国各地，所以文中有此议论。

**【译文】**

建造新的庵寺不如修葺古老的庙宇，阅读生疏的书籍不如温习原来的学业。

【原评译文】

张竹坡说：张先生是真正会读书的人，是真正读过万卷书的人，是真正一本书读过许多遍的人。

顾天石说：只有《左传》《楚词》、司马迁、班固、杜甫、韩愈等人的诗文，以及《水浒传》《西厢记》《还魂记》等书，即使读了上百遍也不厌倦。此外都经不起温习，怎么办？

王安节说：如今为活着的人建造祠庙，又不如盖茅庵。

# 第一二五则

【原文】

字与画同出一原[①]。观六书始于象形[②]，则可知已。

【原评】

江含徵曰：有不可画之字，不得不用六法也。

张竹坡曰：千古人未经道破，却一口拈出。

【注释】

①字与画同出一原：这是中国传统书画理论中的一个重要观点，既指汉字与绘画在起源上有相通之处，也指文字与绘画在用笔墨表现等形式方面有相通之处。原，本原，源头。

②六书：古人分析汉字造字的理论，即象形、指事、会意、形声、转注、假借。东汉许慎在《说文解字序》中最早对六书作了详细解说。象形：汉字造字的基本方法，指的是描摹实物的形状造字，是“六书”之一。

【译文】

字和画产生自同一源头。观察六书造字起始于象形就可以知道了。

【原评译文】

江含徵说：因为有不能画出来的字，不得不用六种方法来造字。

张竹坡说：千百年来，没被人说破的道理，被张先生一语中的。

## 第一二六则

【原文】

忙人园亭，宜与住宅相连；闲人园亭，不妨与住宅相远。

【原评】

张竹坡曰：真闲人，必以园亭为住宅。

【译文】

忙碌之人的园林亭榭应该与住宅连在一起，闲适之人的园林亭榭不妨距离自己的住宅远一些。

【原评译文】

张竹坡说：真正的闲适之人，必定会把园林亭榭当成住宅。

## 第一二七则

【原文】

酒可以当茶，茶不可以当酒；诗可以当文，文不可以当诗；曲可以当词，词不可以当曲；月可以当灯，灯不可以当月；笔可以当口，口不可以当笔；婢可以当奴，奴不可以当婢。

【原评】

江含徵曰：婢当奴则太亲，吾恐“忽闻河东狮子吼”耳。

周星远曰：奴亦有可以当婢处，但未免稍逊耳。近时士大夫往往耽此癖[①]。吾辈驰骛之流，盗此虚名，亦欲效颦相尚。滔滔者天下皆是也，心斋岂未识其故乎？

张竹坡曰：婢可以当奴者，有奴之所有者也。奴不可以当婢者，有婢之所同有，无婢之所独有者也。

弟木山曰：兄于饮食之顷，恐月不可以当灯。

余湘客曰[②]：以奴当婢，小姐权时落后也[③]。

宗子发曰[④]：惟帝王家不妨以奴当婢，盖以有阉割法也。每见人家奴子出入主母卧房，亦殊可虑。

【注释】

①此癖：指喜好男风之风气。

②余湘客：不详。

③权时：暂时、临时。

④宗子发：宗元豫（1624—1696年），字子发，晚号半石，明末清初学者，江苏泰州人。明诸生。入清后隐居昭阳土室，潜心经史，亦工诗文。著述颇丰，有《两汉文删》《古诗赋删》《卧游录》《唐宋明十大家文删》《唐二十家明二十家诗删》《志小录》《韩杜合删》《焚余稿诗文》等。

【译文】

酒可以当茶喝，茶不可以当作酒喝；诗可以当作文章，但是文章不可以当作诗；曲可以当作词，词不可以当作曲；月亮可以代替灯，灯不可以代替月亮；笔可以代替口，口不可以代替笔；婢女可以代替男仆做粗活，男仆不可以代替婢女干细活。

【原评译文】

江含徵说：婢女当成男仆就太亲近了，我恐怕耳边忽然听到妻妾的怒骂声。

周星远说：男仆也有可以代替婢女的地方，只是不免略微逊色。近代士大夫往往沉溺于这种癖好。我们这些纵横一时的文人，为了窃取这种虚名，也想要效仿推崇。世间普遍都是这样的，张先生难道没有看出这其中的缘故吗？

张竹坡说：婢女能够代替男仆，是因为具有做奴仆的共同点。男仆不可以代替婢女，除了具有与婢女的共同点之外，不具备婢女的独有之处，就是女人。

弟木山说：兄长在饮酒进食的时候，只怕月亮不能代替灯。

余湘客说：把男仆当成婢女，小姐要暂时落后了。

宗子发说：只有帝王之家不妨把男仆当成婢女，因为有阉割的办法。我经常见到世人家里的男仆出入于女主人的卧室，也特别为此担忧。

# 第一二八则

【原文】

胸中小不平，可以酒消之；世间大不平，非剑不能消也。

【原评】

周星远曰："看剑引杯长[①]"，一切不平皆破除矣。

张竹坡曰：此平世的剑术，非隐娘辈所知[②]。

张迂庵曰：苍苍者未必肯以太阿假人[③]，似不能代作空空儿也[④]。

尤悔庵曰：龙泉太阿，汝知我者[⑤]，岂止苏子美以一斗读《汉书》耶[⑥]？

【注释】

①看剑引杯长：语出唐杜甫《夜宴左氏庄》："检书烧烛短，看剑引杯长。"

②隐娘：聂隐娘，唐传奇中的女侠，相传为德宗贞元中魏博大将聂锋之女。十岁时为老尼窃去，授以剑术。教成归家，嫁磨镜少年。宪宗元和间，魏博令隐娘夫妻刺杀陈许节度使刘昌裔。聂隐娘为其所感，反而帮助他杀刺客精精儿，击退妙手空空儿。刘昌裔死后，隐娘辞去。文宗大和间，复有人见之。

③苍苍者：上天。太阿：古宝剑名，相传为春秋时欧冶子或干将所铸。

④空空儿：唐人小说中的剑侠。后多指窃贼。唐代裴硎《传奇·聂隐娘》："后夜当使妙手空空儿继至。空空儿之神术，人莫能窥其用，鬼莫得蹑其踪，能从空虚而入冥，善无形而灭影。"后多代指高明的窃贼。

⑤龙泉太阿，汝知我者：龙泉、太阿，古代的两把宝剑。出自《南史·

王蕴传》："为广德令，欲以将领自奋。每抚刀曰：龙泉太阿，汝知我者。"

⑥苏子美：苏舜钦（1008—1048年），字子美，北宋诗人，号沧浪翁，开封（今属河南）人。仁宗景祐元年（1034）进士。工诗文，其体豪放，时发愤于歌诗中。又善草书，每酣酒落笔，为时人所传。后为湖州长史卒。有《苏学士集》。传说他夜里读《汉书》，每天晚上都要喝掉一斗酒。

【译文】

胸中有小小的不平之气，可以用酒来消解；人世间有很大的不公平的事，不用剑就不能解决。

【原评译文】

周星远说：观看舞剑，举杯饮酒，所有的不平之气都可以消除了。

张竹坡说：这是驱除世间不平事的剑术，不是聂隐娘之辈所能了解的。

张迂庵说：上天未必肯将太阿宝剑借给人，似乎不能代替妙手空空儿。

尤悔庵说：龙泉和太阿，你们是我的知己，我岂能像苏子美那样每天喝掉一斗酒来读《汉书》呢？

# 第一二九则

【原文】

不得已而谀之者，宁以口，毋以笔；不可耐而骂之者，亦宁以口，毋以笔。

【原评】

孙豹人曰[①]：但恐未必能自主耳。

张竹坡曰：上句立品，下句立德。

张迂庵曰：匪惟立德，亦以免祸。

顾天石曰：今人笔不谀人，更无用笔之处矣。心斋不知此苦，还是唐宋以上人耳。

陆云士曰：古笔铭曰[②]："毫毛茂茂，陷水可脱，陷文不活[③]。"正此谓也。亦有谀以笔而实讥之者，亦有骂以笔而若誉之者，总以不笔为高。

【注释】

①孙豹人：孙枝蔚（1620—1687 年），明末清初三原（今属陕西）人，字叔发，号豹人，一说字豹人，号溉堂。世为巨商。明末散家财起兵，与李自成军对抗。兵败，只身走扬州。据《扬州画舫录》，身长八尺，声如洪钟，庞眉广额。康熙十八年（1679）被迫应博学鸿词征，以年老不能应试，授司经局正字，即内阁中书正字。返里。客游四方而终。著有《溉堂集》。

②古笔铭：见宋王应麟《困学纪闻》卷五引太公《阴谋》。太公即吕望，助周武王伐纣，据说他作了许多箴铭，这则古笔铭即其一。

③陷水可脱，陷文不活：落入水中可以获救，被文章罗织却活不了。

【译文】

迫不得已要其奉承的人，宁愿用口说，不要用笔写成文字；无法忍耐而

要骂人的人，也宁愿用口说，不要用笔写。

【原评译文】

孙豹人说：只怕不一定能够自己做主罢了。

张竹坡说：上句树立人品，下句树立德行。

张迂庵说：不光树立德行，也可以免除祸端。

顾天石说：如今的人若是不用笔奉承别人，就更加没有用笔之处了。张先生不理解这种痛苦，他还是唐宋以前的人啊。

陆云士说：古笔铭说："毛笔的毛很丰满，陷落水中还可以摆脱，陷落文章中就不能活命了。"正是这种说法。也有用笔写文章奉承但实际上是讽刺的，也有用笔写文章骂人但实际上好像赞美人的，总归还是以不用笔写为上。

## 第一三〇则

【原文】

多情者必好色，好色者未必尽属多情；红颜者必薄命，而薄命者未必尽属红颜；能诗者必好酒，而好酒者未必尽属能诗。

【原评】

张竹坡曰：情起于色者，则好色也，非情也；祸起于颜色者，则薄命在红颜否？则亦止曰：命而已矣。

洪秋士曰：世亦有能诗而不好酒者。

【译文】

多情的人一定贪爱女色，而贪爱女色的人不一定都是多情的人；美丽的女子一定命运不好，而命运不好的人不一定都是美丽的女子；诗写得好的人一定好饮酒，而爱喝酒的人不一定都是能写诗的人。

【原评译文】

张竹坡说：看到女子容颜漂亮而动情，那就是好色，不是多情；祸患起源于容貌，那么命运不好是因为美貌吗？如果不是这样也只能说命该如此罢了。

洪秋士说：世间也有能写诗而不喜好饮酒的人。

## 第一三一则

【原文】

梅令人高①，兰令人幽②，菊令人野③，莲令人淡④，春海棠令人艳⑤，牡丹令人豪，蕉与竹令人韵，秋海棠令人媚⑥，松令人逸⑦，桐令人清⑧，柳令人感⑨。

【原评】

张竹坡曰：美人令众卉皆香，名士令群芳俱舞。

尤谨庸曰：读之惊才绝艳，堪采入《群芳谱》中⑩。

【注释】

①高：高尚脱俗。

②幽：幽静闲雅。

③野：质朴，有田园风味。

④淡：恬淡，与世无争。

⑤春海棠：即海棠，春天开红色或白色的花，花色娇艳。

⑥秋海棠：多年生草本观赏植物，秋天开红色花。

⑦逸：超逸脱俗。

⑧桐：指梧桐。

⑨感：使人感动、伤感，引发思绪。

⑩《群芳谱》：明代介绍栽培植物的著作，全称是《二如亭群芳谱》，由明代王象晋（1561—1653 年）编撰。全书三十卷，内容按天、岁、谷、蔬、果、茶竹、桑麻、葛棉、药、木、花、卉、鹤鱼等十三谱分类，记载植物达四百余种。清康熙四十七年（1708），汪灏等人奉康熙帝之命，在《群芳谱》的基础上又改编成《广群芳谱》一百卷。

【译文】

梅花使人感到高洁，兰花使人感到幽静，菊花使人感到野趣横生，莲花使人感到淡泊超然，春海棠使人感到妖娆艳丽，牡丹使人感到豪华雍容，芭蕉与竹子使人感到别有风韵，秋海棠使人感到娇艳妩媚，松树使人感到超脱飘逸，梧桐使人感到清高孤介，柳树使人多愁善感。

【原评译文】

张竹坡说：美丽的人使所有花卉都散发香气，知名之士使所有花都轻轻舞动。

尤谨庸说：读起来才华惊人、文辞瑰丽，可以摘录到《群芳谱》中。

## 第一三二则

【原文】

物之能感人者，在天莫如月，在乐莫如琴，在动物莫如鹃，在植物莫如柳。

【译文】

事物中能使人感动的，在天上的莫过于月亮，在乐器中的莫过于琴，在动物中的莫过于杜鹃，在植物中的莫过于柳树。

## 第一三三则

【原文】

妻子颇足累人，羡和靖梅妻鹤子；奴婢亦能供职，喜志和樵婢渔奴[①]。

【原评】

尤悔庵曰：梅妻鹤子，樵婢渔童，可称绝对。人生眷属，得此足矣。

【注释】

①志和：张志和（约730—约810年），唐婺州金华（今属浙江）人，字子同，初名龟龄。肃宗时待诏翰林，赐名志和。后坐事贬南浦尉，未到任，

适逢亲丧而辞职，不复仕，从此隐居江湖，自号烟波钓徒，又号玄真子。善歌词，多写闲散生活，又能书画、击鼓、吹笛。其词今存《渔父》五首。樵婢渔奴：唐肃宗曾赏赐张志和奴、婢各一人，张志和让他们结为夫妇，取名“渔童”“樵青”。

【译文】

成家娶妻、养活儿女都是相当使人劳累的事情，羡慕林和靖能把梅花当妻子，把白鹤当儿女；奴仆婢女也能担任职务，仰慕张志和把皇帝赏赐的男仆婢女配为夫妇。

【原评译文】

尤悔庵说：把梅花当作妻子、白鹤当作子女，男仆和婢女配作绝妙的一对，人生有这样的亲属，就可以满足了。

## 第一三四则

【原文】

涉猎虽曰无用①，犹胜于不通古今；清高固然可嘉，莫流于不识时务②。

【原评】

黄交三曰：南阳抱膝时③，原非清高者可比。

江含徵曰：此是心斋经济语。

张竹坡曰：不合时宜则可，不达时务，奚其可？

尤悔庵曰：名言，名言！

【注释】

①涉猎：广泛涉及，一般指粗略地阅读、浏览，不深入钻研。

②不识时务：指不认识当前重要的事态和时代的潮流，也指待人接物不

知趣。《后汉书·张霸传》：“邓骘当朝贵盛，闻霸名行，欲与结交，霸逡巡不答。众人笑其不识时务。”

③南阳抱膝：诸葛亮在南阳隐居。抱膝，以手抱膝而坐，有所思的样子。据《三国志·蜀书·诸葛亮传》载：“亮躬耕垄亩，好为《梁父吟》”，裴松之注引三国魏鱼豢《魏略》：“每晨夕从容，常抱膝长啸。”

【译文】

广泛读书却不专精虽然说没有什么用处，但还是胜过对古今事一概不懂的人；清高固然值得赞美，但不能变成不识时务。

【原评译文】

黄交三说：诸葛亮在南阳抱着双膝长吟的时候，原本就不是清高的人所能相比的。

江含徵说：这是张先生经世济民的言语。

张竹坡说：不符合时代潮流还可以，不能认识当前势态又怎么可以呢？

尤悔庵说：名言，名言！

# 第一三五则

【原文】

所谓美人者，以花为貌，以鸟为声，以月为神，以柳为态，以玉为骨，以冰雪为肤，以秋水为姿①，以诗词为心，吾无间然矣②。

【原评】

冒辟疆曰：合古今灵秀之气，庶几铸此一人。

江含徵曰：还要有松蘖之操才好③。

黄交三曰：论美人而曰“以诗词为心”，真是闻所未闻。

【注释】

①秋水：秋天的江湖水，比喻女子姿神朗彻。

②无间然：无可挑剔，没法再说什么。《论语·泰伯》：“禹，吾无间然矣。”

③松蘖（niè）之操：喻指坚贞不渝的品行。蘖，即黄蘖、黄柏，落叶乔木，木材坚硬，茎可制黄色染料，树皮可入药，性寒味苦。操，行为，品行。

【译文】

世人所说的美人，要有花一样的容貌，鸟一般的声音，月一样的神情，柳一样的体态，玉一般的骨骼，冰雪一般的肌肤，秋水一般的资质，诗词一样的心灵情感，如果具备这些品质，我便没有任何可挑剔的地方了。

【原评译文】

冒辟疆说：这样的美人是融合古往今来的灵秀之气，也许可以铸成这样一位美人。

江含徵说：还要有松柏一样的节操才好。

黄交三说：评论美人说“以诗词为心”，真是从来没有听说过的。

## 第一三六则

【原文】

蝇集人面，蚊嘬人肤[①]，不知以人为何物？

【原评】

陈康畴曰：应是头陀转世[②]，意中但求布施也。

释菌人曰：不堪道破。

张竹坡曰：此《南华》精髓也[③]。

尤悔庵曰：正以人之血肉，只堪供蝇蚊咀嘬耳。以我视之，人也；自蝇蚊视之，何异腥膻臭腐乎？

陆云士曰：集人面者，非蝇而蝇；嘬人肤者，非蚊而蚊。明知其为人也，而集之嘬之，更不知其以人为何物。

【注释】

①蚊嘬（zuō）人肤：蚊子叮咬人的皮肤。嘬，咬，叮。《孟子·滕文公上》：“狐狸食之，蝇蚋姑嘬之。”

②头陀：佛教语，原意为抖擞浣洗烦恼，后世也用以指行脚乞食的僧人。又作“驮都”“杜多”“杜荼”。《法苑珠林》：“西云头陀，此云抖擞，能行此法，即能抖擞烦恼，去离贪著，如衣抖擞，能去尘垢，是故从喻为名。”

③《南华》：《南华真经》的省称，《庄子》的别名。唐玄宗天宝元年（742）二月，封庄子为南华真人，《庄子》改为《南华真经》。

【译文】

苍蝇聚集在人的脸上，蚊子叮咬人的皮肤，不知道它们把人当做什么东西了。

【原评译文】

陈康畴说：应该是行脚乞食的僧人转世变幻而成的，心中只想要求取施舍罢了。

释菌人说：不能说破。

张竹坡说：这正是《南华经》的精髓。

尤悔庵说：正是因为人的血肉只能供苍蝇蚊子叮咬。在我们看来是人，在苍蝇蚊子看来，与腥膻臭腐有什么不同呢？

陆云士说：聚集在人脸上的，不是苍蝇却像苍蝇一样；叮咬人皮肤的，不是蚊子却像蚊子一样。明明知道是人，却聚集在他身上叮咬他，更不知道它把人当成什么东西了。

## 第一三七则

【原文】

有山林隐逸之乐而不知享者，渔樵也、农圃也、缁黄也[①]；有园亭姬妾之乐而不能享、不善享者，富商也、大僚也[②]。

【原评】

弟木山曰：有山珍海错而不能享者，庖人也[③]。有牙签玉轴而不能读者[④]，蠹鱼也、书贾也。

【注释】

①农圃：老农是种五谷粮食的，老圃是种蔬菜果木的，农圃就是指农民。

缁（zī）黄：指僧人和道士。僧人缁服，道士黄冠，故称。唐代独孤及《谢敕书兼赐冬衣表》："缁黄载跃，斑白相欢。"

②大僚：大官。

③庖人：厨师。

④牙签玉轴：卷型古书的标签和卷轴。借指书籍。牙，象牙。玉，美玉。形容书籍之精美。《隐居通议·古赋一》引宋傅幼安《味书阁赋》："黄帘绿幕之闭，牙签玉轴之藏，出则连车，入则充梁。"

【译文】

拥有山林隐逸的乐趣而不知道享受的是打鱼人、砍柴人、农夫、僧人和道士；拥有园林姬妾的乐趣而不知道享受的和不善于享受的，是富有的商人、权力较大的官员。

【原评译文】

弟木山说：拥有丰盛的佳肴却不能享用的是厨子，拥有各种精美书籍而不能阅读的是蛀虫和书商。

# 第一三八则

**【原文】**

黎举云[①]："欲令梅聘海棠，枨子（想是橙）臣樱桃[②]，以芥嫁笋[③]，但时不同耳。"予谓物各有偶，拟必于伦[④]。今之嫁娶，殊觉未当。如梅之为物，品最清高；棠之为物，姿极妖艳。即使同时，亦不可为夫妇。不如梅聘梨花，海棠嫁杏，橼臣佛手[⑤]，荔枝臣樱桃，秋海棠嫁雁来红，庶几相称耳。至若以芥嫁笋，笋如有知，必受河东狮子之累矣。

**【原评】**

弟木山曰：余尝以芍药为牡丹后，因作贺表一通。兄曾云："但恐芍药未必肯耳。"

石天外曰：花神有知，当以花果数升谢蹇修[⑥]矣。

姜学在曰[⑦]：雁来红做新郎，真个是老少年也[⑧]。

**【注释】**

①黎举：不详。这句话出自唐冯贽《云仙杂记》卷三引《金城记》："黎举常云：欲令梅聘海棠，枨子臣樱桃，以芥嫁笋，但恨时不同耳。"

②枨（chéng）子：橙子。臣：役使，统率，行使主人的权力。

③以芥嫁笋：将芥菜嫁给竹笋。芥，芥菜，蔬菜名，味道辛辣。

④拟必于伦：将两个事物相提并论、成双配对，首先必须得是同类的事物。这是化用《礼记·曲礼》中的"拟人必于其伦"之语。拟，比拟，类比。伦，类。

⑤橼：香橼、枸橼。佛手：其实就是枸橼的变种，果实有裂纹，像人拳头。《本草纲目》记载："其实状如人手，有指，俗呼为佛手柑。"

⑥蹇修：媒人。

⑦姜学在：姜实节（1647—1709 年），字学在、思末，号鹤涧，清山东莱阳人，居苏州。著名遗民姜而农的次子，流寓吴中，不入城市，布衣终老。善书，笔势如篆籀，画山水法倪瓒。工诗，擅七绝。著有《焚余草》。

⑧老少年：雁来红的别名。

【译文】

黎举说：想要让梅花聘娶海棠，橙子向樱桃称臣，将芥菜嫁给竹笋，可惜它们生长的时令不同啊。我认为事物各自都有配偶，打算让它们相互匹配，一定首先得是同类。前面说的嫁娶安排，实在觉得不恰当。梅花这种植物，品格最为清雅高洁；海棠这种植物，姿容特别妖艳。即使两者开放的季节相同，也不能结为夫妇。不如让梅花娶梨花，海棠嫁给杏花，香橼向佛手称臣，荔枝向樱桃称臣，秋海棠嫁给雁来红，这样就大致上相称了。至于把芥菜嫁给竹笋，竹笋如果有知觉，必然要遭受悍妻的折磨了。

【原评译文】

弟木山说：我曾经把芍药作为牡丹的皇后，借此而写了一篇贺词。兄长曾说："只怕芍药不一定答应啊。"

石天外说：花神如果有知觉，当会以数升花果来感谢媒人了。

姜学在说：让雁来红做新郎，真的是老少年了。

## 第一三九则

【原文】

五色有太过[①]，有不及，惟黑与白无太过。

【原评】

杜茶村曰[②]：居独不闻唐有李太白乎？

江含徵曰：又不闻玄之又玄乎[3]？

尤悔庵曰：知此道者，其惟弈乎？老子曰："知其白，守其黑。"

【注释】

①五色：青、赤、白、黑、黄五种颜色。古代以此五者为正色。这里泛指各种颜色。太过：太过分，太过头了。

②杜茶村：杜濬（1611—1687年），原名诏先，字于皇，号茶村，黄冈（今属湖北）人。明崇祯十二年（1639）副贡，入清不仕，寓居于江宁四十余年，殁于扬州。其诗文皆工，而尤以诗著称，吴伟业曾云："吾五言律得茶村《焦山》诗而始进。"其著作大部分散佚，今存《变雅堂遗集》。

③玄之又玄：指"道"幽昧深远，不可测知。出自《老子》："玄之又玄，众妙之门。"玄，在《老子》中本指深奥、难懂的道理，此处实际指黑色，故意以一词多义，曲解经典。

【译文】

各种颜色有超过限度之处，有达不到之处，只有黑色与白色没有超过限度之外。

【原评译文】

杜茶村说：难道没听说过唐朝有李太白吗？

江含徵说：又没听说过"玄之又玄"吗？

尤悔庵说：知道这方面学问的，只有围棋吧？老子说："知其白，守其黑。"

## 第一四〇则

【原文】

许氏《说文》分部[1]，有止有其部而无所属之字者，下必注云："凡某之属，皆从某。”赘句殊觉可笑，何不省此一句乎?

**【原评】**

谭公子曰[2]：此独民县到任告示耳[3]。

王司直曰：此亦古史之遗。

**【注释】**

①许氏《说文》：东汉许慎著《说文解字》，共十四篇，加《后序》共十五篇。这是中国古代第一部系统性的字书，是研究中国文字学的基本工具书，收九千多字，以小篆为主体。

②谭公子：不详。

③独民县：只有一个百姓的县。明末冯梦龙在《挂枝儿·谑部·山人》的评论中，曾讲述了一个当时流传的独民县笑话。

**【译文】**

许慎的《说文解字》划分部首，遇到只有其部类而没有所附属之字的，下面必定注释说：凡是某部所属都归某某部，这多余的语句感觉非常可笑，何不省去这一句话呢?

**【原评译文】**

谭公子说：这只是独民县县令的到任告示罢了。

王司直说：这也是古代历史的遗迹。

# 第一四一则

【原文】

阅《水浒传》至鲁达打镇关西、武松打虎，因思人生必有一桩极快意事，方不枉在生一场。即不能有其事，亦须著得一种得意之书，庶几无憾耳。（如李太白有贵妃捧砚事①，司马相如有文君当垆事②，严子陵有足加帝腹事③，王之涣、王昌龄有旗亭画壁事④，王子安有顺风过江作《滕王阁序》事之类⑤。）

【原评】

张竹坡曰：此等事，必须无意中方做得来。

陆云士曰：心斋所著得意之书颇多，不止一打快活林、一打景阳岗称快意矣。

弟木山曰：兄若打中山狼⑥，更极快意。

【注释】

①李太白有贵妃捧砚事：传说李白为翰林院供奉时，曾于醉后奉命草诏，他要求玄宗宠幸的杨贵妃为他捧砚，宦官高力士为他脱靴。冯梦龙的《警世通言·李谪仙醉草吓蛮书》中有关于此事的记载，只是捧砚者变成了杨国忠。贵妃捧砚，见宋人刘斧《摭遗》中的记载：李白失意游华山，过县，宰方开门决事，白乘醉跨驴过门，宰怒，不知太白也。引至庭下曰："汝何人？辄敢无礼！"白乞供状，状无姓名，曰："曾龙巾拭吐，御手调羹，贵妃授砚，力士抹靴，天子门前尚容走马，华阳县里，不得我骑驴？"宰惊起，揖曰："不知翰林至此。"太白跨蹇而去。

②司马相如有文君当垆（lú）事：司马相如以琴挑逗富商卓王孙新寡的

女儿卓文君，文君与其私奔，因家贫，与相如在卓文君家乡临邛开酒店，由卓文君卖酒。卓文君当垆，司马相如围一条犊鼻裈洗酒器。事见《史记·司马相如列传》。

③足加帝腹：严光，字子陵，汉代高士，会稽余姚人，他少时与光武帝刘秀同游学。刘秀即帝位后，严光就改变姓名隐居起来。刘秀派人四处觅访，好不容易找到严光，亲自去拜访他，严光假装卧眠不理睬。因共偃卧，光以足加帝腹上。次日太史官奏“客星犯御座甚急”，光武帝笑着说，这是我与故人子陵共卧耳。事详见《后汉书·严光传》。刘秀任命严光为谏议大夫，他不肯接受，跑到富春山去过躬耕垂钓的生活，后人把他垂钓的地方称为严陵濑。

④旗亭画壁：王之涣（688—742 年），字季陵，绛郡（今山西新绛）人，少时以豪侠著称，诗名很盛，但流传下来的诗只有六首。王昌龄（698—757 年），唐京兆长安（今陕西西安）人，一说太原人，一说江宁（今江苏南京）人，诗风格雄浑，被称为“七绝圣手”。高适（约 702—765 年），字达夫，渤海蓨（今河北景县）人。这三人都是盛唐时期著名诗人，“旗亭画壁”说的就是他们三个人的故事。开元年间三人齐名，有一次他们一起到酒楼畅饮。忽遇有伶人与女伎奏乐宴饮。三位诗人私下约定以歌女所唱的诗数来比较水平，唱到的诗多的就算获胜。一歌女唱“寒雨连江夜入吴”，王昌龄伸手在壁上画一道，说：“一首绝句。”不久又一歌女唱“开箧泪沾臆”，高适伸手在壁上画一道说：“一首绝句。”又一歌女唱“奉帚平明金殿开”，王昌龄又伸手画一道说：“两首绝句。”王之涣自觉得久有诗名，就对王昌龄、高适说：“这几个都是失意的乐官罢了。”接着指着所有歌女中最出众的一个说：“这个人所唱的如果不是我的诗，我就永远不敢和你们争高下了。”那个女子开始唱了，唱的果然是王之涣的“黄河远上白云间”诗。这个故事见唐代薛用弱的传奇小说集《集异记》，后人也称为“旗亭赌唱”。旗亭，指酒楼，古代酒家筑亭道旁，挑旗门前，故称。

⑤王子安：王勃（648—675 年），字子安，绛州龙门（今山西河津）人，初唐四杰之一，因为替沛王作《檄英王鸡》文，被赶出长安。后来远赴交趾探望父亲，途中堕海而亡。顺风过江作《滕王阁序》事：唐代罗隐的《中元传》

中记载："唐王勃，方十三，随舅游江左。尝独至一处，见一叟。容服纯古，异之，因就揖焉。……叟曰：'中元水府，吾所主也。来日滕王阁作记，子有清才，何不为之？子登舟，吾助汝清风一席，子回，幸复过此。'勃登舟，舟去如飞，乃弹冠诣府下。府帅阎公已召江左名贤毕集，命吏授笔砚。及勃，则留而不拒。"

⑥中山狼：喻恩将仇报、没有良心的人。事见明代马中锡的寓言《中山狼传》，记赵简子在中山打猎，一狼中箭逃命，东郭先生救之。既而狼反欲食东郭先生。明康海有《中山狼》杂剧演其事。康熙三十八年（1699），因恶人陷害，张潮一度入狱，他在《虞初新志·剑侠传》的评语中称："吾尝遇中山狼，恨今世无剑侠，一往愬之。"本条当创作于该年之后。

【译文】

阅读《水浒传》看到鲁智深拳打镇关西、武松打虎处，便想到人生一定要有一桩极称心所欲的事，才不枉生在世上一场。即使不能做出这样快意的事，也必须要写出一部满意快畅的书，这样才没有遗憾吧！（如李太白有杨贵妃为其捧砚之事，司马相如有与卓文君一起当垆卖酒之事，严子陵做过把脚放到汉光武帝肚子上的事，王之涣、王昌龄有旗亭画壁的故事，王勃有神仙顺风送他渡江以作《滕王阁序》的事。）

【原评译文】

张竹坡说：这样的事情，必须是在没有意识要去做的时候，才能做得出来。

陆云士说：张先生所写的满意的书很多，不仅仅一打快活林、一打景阳岗才能称得上快意之事。

弟木山说：兄长若是打那个像中山狼一样恩将仇报的人，更是非常快意。

## 第一四二则

【原文】

春风如酒[①]，夏风如茗[②]，秋风如烟，如姜芥[③]。

【原评】

许筠庵曰[④]：所以秋风客气味狠辣[⑤]。

张竹坡曰：安得东风夜夜来？

【注释】

①春风如酒：春风温暖和煦，令人感觉如饮了美酒般醺然自在。

②夏风如茗：夏风清凉，拂去溽暑，令人感觉如饮了清茶一般精神舒畅。

③秋风如烟，如姜芥：秋风萧瑟，如烟气般呛人，又如姜芥一般辛辣刺激。

④许筠庵：许承宣（？—1685 年），字力臣，号筠庵，许承家之兄，清

江都（今江苏扬州）人。康熙十五年（1676）进士，官工科给事中，后假归，卒于家。著有《青岑文集》。

⑤秋风客：以各种借口向别人索取财物的干谒者。

【译文】

春风温软，令人感觉如饮了美酒般醺然自在；夏风清凉，拂去溽暑，令人感觉如饮了清茶一般精神舒畅；秋风萧瑟，如烟气般呛人，又如姜芥一般辛辣刺激。

【原评译文】

许筠庵说：所以说打秋风的人神态凶狠、毒辣。

张竹坡说：怎样才能使东风夜夜吹来？

## 第一四三则

【原文】

冰裂纹极雅[①]，然宜细，不宜肥；若以之作窗栏，殊不耐观也。（冰裂纹须分大小，先作大冰裂，再于每大块之中作小冰裂，方佳。）

【原评】

江含徵曰：此便是哥窑纹也[②]。

靳熊封曰[③]："一片冰心在玉壶[④]"，可以移赠。

【注释】

①冰裂纹：指瓷器表面美观但并不影响实际使用的裂纹。这种裂纹是通过控制瓷器胎体和瓷器表面釉层的物质成分，经过焙烧后冷却，使得釉层的收缩大于胎体的收缩，釉面因此出现开裂，成为瓷器的一种特有的装饰图案，形如冰裂开后的花纹，称冰裂纹。

②哥窑纹：即冰裂纹。冰裂纹以哥窑产最为有名。哥窑，又名哥哥窑、琉田窑，是中国古时五大瓷窑之一，为宋代浙江处州人章生一在龙泉琉田创建的瓷窑，章生一的弟弟章生二在龙泉也有瓷窑，叫弟窑。

③靳熊封：靳治荆，字熊封，号书樵，又号雁堂，别号黄山长，清汉军镶黄旗人。历任安徽歙县知县、江西吉安知府。有《思旧录》《金陵览古诗》等。疑为康熙间治河名臣、兵部尚书靳辅之子。亦王士禛门人，王氏《居易录》多次提及其人。

④一片冰心在玉壶：比喻心地纯洁。出自唐代诗人王昌龄的《芙蓉楼送辛渐》："寒雨连江夜入吴，平明送客楚山孤。洛阳亲友如相问，一片冰心在玉壶。"

【译文】

瓷器上的冰裂纹极其雅致而不落俗套，但适宜细小，不适宜宽大；如果用它来做窗下的栏杆，非常不好看。（冰裂纹在结构上应该分大小，先做出大的冰裂纹，然后再在每个大块中做成小冰裂纹，这样观看起来才美观。）

【原评译文】

江含徵说：这就是宋代著名的哥窑纹。

靳熊封说："一片冰心在玉壶"这句诗，可以转赠给这高雅艺术的欣赏者。

## 第一四四则

【原文】

鸟声之最佳者，画眉第一[①]，黄鹂、百舌次之[②]。然黄鹂、百舌，世未有笼而蓄之者，其殆高士之俦[③]，可闻而不可屈者耶？

【原评】

江含徵曰：又有“打起黄莺儿”者④，然则亦有时用他不着。

陆云士曰：“黄鹂久住浑相识，欲别频啼四五声”⑤，来去有情，正不必笼而畜之也。

【注释】

①画眉：鸟名，黄褐色，体长月六七寸，因为眼圈有一条白线，形如修长的眉毛而得名。鸣声婉转，常被人用笼子养起来欣赏。

②黄鹂：也叫莺、黄莺、黄鸟等，体长七八寸，雄鸟毛羽金黄而有光泽。鸣声婉转动听，世人常以莺声燕语比喻女子声音娇俏。百舌：又名反舌鸟，也叫乌鸫，体长约九寸，全身黑色，善鸣，其声多变化，如百鸟之音，所以得名。《淮南子·说山训》：“人有多言者，犹百舌之声。”高诱注：“百舌，鸟名，能易其舌效百鸟之声，故曰百舌也。以喻人虽多言无益于事也。”

③高士之俦（chóu）：与高人隐士同类。俦，同类，伴侣。

④打起黄莺儿：出自唐金昌绪的《春怨》：“打起黄莺儿，莫

教枝上啼。啼时惊妾梦，不得到辽西。”

⑤黄鹂住久浑相识，欲别频啼四五声：出自唐戎昱《移家别湖上亭》：“好是春风湖上亭，柳条藤蔓系离情。黄莺久住浑相识，欲别频啼四五声。”

【译文】

鸟儿啼叫的声音最好听的，画眉鸟第一，黄鹂鸟、百舌鸟第二。但是世上没有用笼子来喂养黄鹂鸟、百舌鸟的，它们大概属于隐逸高士一类，是只可听其言论，而不能使它们屈尊的吧？

【原评译文】

江含徵说：然而诗中又有“打起黄莺儿”的人，可见也有用不着它的时候。

陆云士说：有诗说“黄鹂相处久了好像相互认识，临飞走时频频鸣叫四五声”。前来离去都有感情，正是不必用笼子关起来喂养它的原因。

## 第一四五则

【原文】

不治生产[①]，其后必致累人；专务交游[②]，其后必致累己。

【原评】

杨圣藻曰：晨钟夕磬，发人深省。

冒巢民曰[③]：若在我，虽累人累己，亦所不悔。

宗子发曰：累己犹可，若累人则不可矣。

江含徵曰：今之人未必肯受你累，还是自家稳些的好。

【注释】

①不治生产：指不注意或无暇料理自己的生计。生产，生计和产业，谋

生之业。

②交游：结交朋友。

③冒巢民：即冒襄。

【译文】

不经营自己的生计产业，这种后果一定会使他人受害；专爱结交朋友玩乐，以后一定会导致连累自己。

【原评译文】

杨圣藻说：像寺院里清晨的钟声与傍晚的磬音一样，令人深刻反省。

冒巢民说：如果对我来说，即使是拖累自己，或使别人受害也不后悔。

宗子发说：拖累自己还可以，假如拖累别人就不行了。

江含徵说：现在的人不一定肯被你拖累，还是自己不显露、不张扬些比较好。

## 第一四六则

【原文】

昔人云："妇人识字，多致诲淫[①]。"予谓此非识字之过也。盖识字则非无闻之人[②]，其淫也，人易得而知耳。

【原评】

张竹坡曰：此名士持身不可不加谨也。

李若金曰：贞者识字愈贞，淫者不识字亦淫。

【注释】

①诲淫：引诱别人做奸淫之事。出自《周易·系辞上》："慢藏诲盗，冶容诲淫。"

②无闻之人：没有名声的人，不为人知的人。

【译文】

过去有人说："女人能够识字，容易不守贞操。"我认为这并不是认识字的过错。大概因为妇女能够识字，她就不是一个默默无闻的人，这种人做出淫乱之事，更容易被大家知道罢了。

【原评译文】

张竹坡说：这就是有名声的人保持自身高洁不可不加以谨慎的缘故。

李若金说：贞洁的人识字后会更贞洁，淫乱的人不识字也一样淫乱。

## 第一四七则

【原文】

善读书者，无之而非书[①]：山水亦书也，棋酒亦书也，花月亦书也。善游山水者，无之而非山水：书史亦山水也[②]，诗酒亦山水也，花月亦山水也。

【原评】

陈鹤山曰：此方是真善读书人，善游山水人。

黄交三曰：善于领会者，当作如是观。

江含徵曰：五更卧被时，有无数山水书籍在眼前胸中。

尤悔庵曰：山耶，水耶，书耶？一而二，二而三，三而一者也。

陆云士曰：妙舌如环，真慧业文人之语[③]。

【注释】

①无之：无往。

②书史：经史之类的典籍，泛指书籍。

③慧业文人：指有文学天才并与文字结为业缘的人。《宋书·谢灵运传》：

“太守孟𫖮事佛精恳，而为灵运所轻。尝谓𫖮曰：‘得道应须慧业文人。生天当在灵运前，成佛必在灵运后。’𫖮深恨此言。”

【译文】

善于读书的人，没有什么不是可读的书：山水是书，棋酒是书，花月也是书。善于游山玩水的人，没有什么不是游历的山水：书籍是山水，吟诗喝酒是山水，花月也是山水。

【原评译文】

陈鹤山说：这才是真正善于读书的人，善于游山玩水的人。

黄交三说：善于领略事物而有所体会的人，应当是像这样看待书与山水。

江含徵说：五更天睡在被窝里的时候，有无数的山水在眼前，有无数的书籍在胸中呈现。

尤悔庵说：是山，是水，是书啊，一而二，二而三，三者本质是一样的。

陆云士说：言辞巧妙，真是与文字结为业缘而又会写文章的人才能说出的话。

## 第一四八则

【原文】

园亭之妙，在邱壑布置[①]，不在雕绘琐屑[②]。往往见人家园亭，屋脊墙头，雕砖镂瓦，非不穷极工巧，然未久即坏，坏后极难修葺。是何如朴素之为佳乎？

【原评】

江含徵曰：世间最令人神怆者[③]，莫如名园雅墅，一经颓废[④]，风台月榭[⑤]，埋没荆棘。故昔之贤达，有不欲置别业者。予尝过琴虞，留题名园句有云："而今绮砌雕阑在，剩与园丁作业钱。"盖伤之也。

弟木山曰：予尝悟作园亭与作光棍二法：园亭之善在多回廊，光棍之恶在能结讼⑥。

【注释】

①邱壑布置：构思安排。邱壑，构思布局。宋黄庭坚《题子瞻枯木》："胸中元自有邱壑，故作老木蟠风霜。"

②雕绘琐屑：在那些细小的地方雕镂和彩绘图案。

③神怆：伤心。

④颓废：倾圮荒废。

⑤风台月榭：指敞露透风的台榭和赏月的台榭。

⑥光棍：地痞，无赖。

【译文】

园林亭阁的美妙之处，在于山石与沟渠的安排布局，不在于细微处的精雕细琢。我经常看到人家的园林亭榭，在屋脊墙头所用的砖瓦都雕刻精微，并不是没有极尽精工巧细，然而时间不长就损坏了，毁坏之后又非常难以修理。这样还不如不加雕饰

的好啊！

【原评译文】

江含徵说：世间最让人悲伤的事，莫过于有名的园林别墅，一旦倾颓荒废，过去当风赏月的台榭埋没在野草荆棘中。所以过去的贤达之人，有不愿意购置别墅的。我曾经经过琴川虞城，名园的题字里有一句："而今绮砌雕阑在，剩与园丁作业钱。"为此感伤啊。

弟木山说：我曾经悟出了建造园林亭台与当光棍无赖的两个法门：园林亭台的最妙处在于众多曲折回转的长廊，光棍的最恶处在于用刁滑顽劣的手段与人了结诉讼。

## 第一四九则

【原文】

清宵独坐①，邀月言愁②；良夜孤眠，呼蛩语恨③。

【原评】

袁士旦曰：令我百端交集。

黄孔植曰④：此逆旅无聊之况，心斋亦知之乎？

【注释】

①清宵：清静的夜晚。

②邀月：这里化用李白《月下独酌》中的诗句："举杯邀明月，对影成三人。"

③蛩（qióng）：蟋蟀。化用宋玉《九辩》中的句子："独申旦而不寐兮，哀蟋蟀之宵征。"

④黄孔植：不详。

【译文】

清静的夜晚一个人独自长坐，邀请月亮听我诉说忧愁；美好的深夜一个人独自入眠，呼唤蟋蟀来诉说怨恨。

【原评译文】

袁士旦说：让我感慨万千。

黄孔植说：这是在旅途的客舍中无事可做的无聊境况，张先生也知道这种情景吗？

## 第一五〇则

【原文】

官声采于舆论[①]，豪右之口与寒乞之口俱不得其真[②]；花案定于成心[③]，艳媚之评与寝陋之评概恐失其实[④]。

【原评】

黄九烟曰：先师有言[⑤]：“不如乡人之善者好之，其不善者恶之。”

李若金曰：豪右而不讲分上，寒乞而不望推恩者，亦未尝无公论。

倪永清曰：我谓众人唾骂者，其人必有可观。

【注释】

①官声：为官的声誉。舆论：公众的言论。

②豪右：豪门大族。汉以“右”为上，故称“豪右”。寒乞：极其贫困潦倒的人。

③花案：旧指评定妓女名次的名单。清代余怀的《板桥杂记·丽品》中记载：“品藻花案，设立层台，以坐状元。”一些清代小说中有品评花案之事的描写。成心：成见，偏见。

④寝陋：容貌丑陋。寝：容貌丑陋。

⑤先师：指孔子。

【译文】

做官的名声来自于舆论，但从豪门贵族和贫寒乞丐的口中都不能得到真实客观的评论；花案决定于评判者的成见，过分的夸奖和浅陋的评价恐怕都会失去它的真实性。

【原评译文】

黄九烟说：先师孔子说过："应该是一乡之中的好人都喜欢他，那些不善良的人都厌恶他。"

李若金说：出身豪门贵族却不讲情面的人，身为贫寒乞丐却不指望得到好处的人，也未尝没有公正的言论。

倪永清说：我认为大家都唾弃辱骂的人，必定有其可欣赏的地方。

## 第一五一则

【原文】

胸藏邱壑，城市不异山林；兴寄烟霞，阎浮有如蓬岛[1]。

【注释】

①阎浮有如蓬岛：人世间也如同蓬莱仙境。阎浮，梵语音译"阎浮提"的省称，代指人世间。蓬岛，即蓬莱山。是古代传说中的神山名，亦常泛指仙境。

【译文】

胸中藏有山林丘壑，虽然身居城市与隐居山林没有什么不同；意兴寄托于烟霞云雾之中，虽然身居人世间也如同生活在蓬莱仙境。

# 第一五二则

【原文】

梧桐为植物中清品[①]，而形家独忌之[②]，甚且谓“梧桐大如斗，主人往外走”，若竟视为不祥之物也者。夫剪桐封弟[③]，其为宫中之桐可知；而卜世最久者[④]，莫过于周。俗言之不足据，类如此夫！

【原评】

江含徵曰：爱碧梧者，遂艰于白镪[⑤]，造物盖忌之，故靳之也[⑥]。有何吉凶休咎之可关[⑦]？只是打秋风时光棍样可厌耳[⑧]。

尤悔庵曰：“梧桐生矣，于彼朝阳[⑨]。”诗言之矣。

倪永清曰：心斋为梧桐雪千古之奇冤，百卉俱当九顿[⑩]。

【注释】

①清品：即上品。

②形家：即堪舆家，又称阴阳师、风水先生等，古代以相度地形吉凶，为人选择宅基、墓地为业的人。

③剪桐封弟：以剪梧桐叶游戏而分封兄弟。故事出自《吕氏春秋·重言》：“成王与唐叔虞燕居，援梧叶以为珪，而授唐叔虞曰：‘余以此封女。’叔虞喜，以告周公。周公以请曰：‘天子其封虞邪？’成王曰：’余一人与虞戏也。’周公对曰：‘臣闻之，天子无戏言。天子言则史书之，工诵之，士称之。’于是遂封叔虞于晋。”后世遂以“剪桐”为分封的典故。

④卜世：本指用占卜的方式预测国家传承政权的世数，亦泛指国运，此处指的是朝代实际传承的世数。西周、东周共传承七百多年。

⑤艰于白镪：形容经济窘迫。艰，欠缺，缺乏。白镪，指白银。

⑥靳：吝惜，不肯给予。

⑦吉凶休咎：祸福吉凶。

⑧打秋风：指假借各种名义向人索取财物。光棍样：无赖样子。

⑨梧桐生矣，于彼朝阳：梧桐树生长起来了，在那向阳的山坡上。出自《诗经·大雅·卷阿》："凤皇鸣矣，于彼高冈。梧桐生矣，于彼朝阳。"

⑩九顿：指九次叩头，此处指行重礼。

【译文】

梧桐是植物中高洁的品种，但是堪舆家却很忌讳它，甚至说梧桐叶像斗那样大，主人就要离家出走，竟把它看作不吉利的东西。历史上有周成王剪桐叶封给弟弟的故事，由此可知过去梧桐是种在宫中的：而用占卜预测传国世数，传承最长久的朝代，没有比得过周朝的。所以，俗话不足以作为根据，大概都像这样吧！

【原评译文】

江含徵说：喜欢梧桐树的人却又缺少白银，造物主大概是妒忌他，所以才这么吝惜，与祸福吉凶有什么关联呢？只是桐叶在秋风中瑟瑟发抖的无赖样子令人厌恶。

尤悔庵说："梧桐生矣，于彼朝阳。"《诗经》中是这样说的。

倪永清说：张先生替梧桐树洗清千百年来少有的冤屈，众多花卉植物都应当向他行九叩首的大礼啊。

## 第一五三则

【原文】

多情者不以生死易心，好饮者不以寒暑改量，喜读书者不以忙闲作辍①。

【原评】

朱其恭曰：此三言者，皆是心斋自为写照。

王司直曰：我愿饮酒、读《离骚》②，至死方辍，何如？

【注释】

①作辍：进行或停止。

②饮酒、读《离骚》：这两件是古代名士喜做之事，典出《世说新语·任诞》："王恭（孝伯）言名士不必须奇才，但使常得无事，痛饮酒，熟读《离骚》，便可称名士。"

【译文】

多情的人不因为生存或死去而改变心意，爱好喝酒的人不因为天气寒冷或炎热而改变酒量，喜欢读书的人不因为忙碌或是清闲而坚持或中断。

【原评译文】

朱其恭说：这三句话，都是张先生对自己的写照。

王司直说：我愿意一边喝酒、一边读《离骚》，一直到死才停下，怎么样？

# 第一五四则

【原文】

蛛为蝶之敌国[①]，驴为马之附庸[②]。

【原评】

周星远曰：妙论解颐，不数晋人危语隐语[③]。

黄交三曰：自开辟以来[④]，未闻有此奇论。

【注释】

①敌国：实力地位相当的国家，这里指势均力敌的事物，也可理解为敌对之国。

②附庸：原指春秋战国时代附属于诸侯国的小国，这里指附属之物。

③不数：不亚于。危语：使人害怕的话。隐语：指不直说本意而借别的词语来暗示的话，即现在的谜语。危语和隐语都是一种语言游戏。《世说新语·排调》："桓南郡与殷荆州语次，因共作了语。顾恺之曰：'……火烧平原无遗燎。'桓曰：'白布缠棺竖旒旐。'殷曰：'投鱼深渊放飞鸟。'次作危语。桓曰：'矛头淅米剑头炊。'殷曰：'百岁老翁攀枯技。'顾曰：'井上辘轳卧婴儿。'殷有一参军在坐，云：'盲人骑瞎马，夜半临深池。'殷曰：'咄咄逼人！'"

④开辟以来：即盘古开天辟地以来。

【译文】

蜘蛛是蝴蝶的敌人，驴子是马的附属。

【原评译文】

周星远说：奇妙的言论令人发笑，不亚于晋代人说的危语和谜语。

黄交三说：自从开天辟地以来，从来没有听到过这种奇异之论。

# 第一五五则

【原文】

立品须发乎宋人之道学[①]，涉世须参以晋代之风流[②]。

【原评】

方宝臣曰[③]：真道学未有不风流者。

张竹坡曰：夫子自道也。

胡静夫曰：予赠金陵前辈赵容庵句云："文章鼎立庄骚外，杖履风流晋宋间。"今当移赠山老。

倪永清曰：等闲地位，却是个双料圣人[④]。

陆云士曰：有不风流之道学，有风流之道学；有不道学之风流，有道学之风流，毫厘千里。

【注释】

①立品须发乎宋人之道学：培养品德需要取法宋代人的道学思想。立品，树立品性德行。宋人之道学，指宋代儒家周敦颐、张载、程颢、程颐、朱熹等的哲学思想，也称理学，以讲究心性义理、维护礼教纲常

为特点。

②涉世：接触社会，经历世事，与人交往。参：加入，加上。晋代之风流：魏晋时期玄学、清谈盛行，名士们多有不拘礼法的放诞表现，后世称为魏晋风流。

③方宝臣：方淇荩，原名兆玮，又名夏，字宝臣，安徽歙县人。有《岫园诗稿》。

④双料：双倍的物质材料或两种物质材料，多用于比喻。此处指两种行为既有儒家的端方，又有名士的放达。

【译文】

树立品德一定要取法宋朝人的理学思想，步入社会则一定要学习晋代人的飘逸旷达。

【原评译文】

方宝臣说：真正的道学家没有不潇洒旷达的。

张竹坡说：这是张先生在自己说自己。

胡静夫说：我曾经赠给金陵前辈赵容庵一句诗："文章鼎立庄骚外，杖履风流晋宋间。"现在应该拿来送给张先生。

倪永清说：寻常地位却是个具有两面特色的圣贤之人。

陆云士说：有不潇洒旷达的道学家，有潇洒旷达的道学家；有不严谨端正的名士，有严谨端正的名士，二者区别细微，却相差很远。

## 第一五六则

【原文】

古谓禽兽亦知人伦[①]。予谓匪独禽兽也，即草木亦复有之。牡丹为王[②]，芍药为相[③]，其君臣也；南山之乔，北山之梓[④]，其父子也。荆之闻分而枯，闻不分而活[⑤]，其兄弟也；莲之并蒂[⑥]，其夫妇也；兰之同心[⑦]，其朋友也。

【原评】

江含徵曰：纲常伦理[⑧]，今日几于扫地，合向花木鸟兽中求之。又曰：心斋不喜迂腐，此却有腐气。

【注释】

①人伦：封建社会中，人与人之间由礼教所规定的君臣、父子、夫妇、兄弟、朋友及各种等级尊卑关系。

②牡丹为王：牡丹为花王，是富贵吉祥的象征。宋代欧阳修的《洛阳牡丹记·花释名》中说："钱思公尝曰：'人谓牡丹花王，今姚黄真可为王，而魏花乃后也。'"

③芍药为相：芍药为花相。宋代杨万里写过《多稼亭前两槛芍药红白对开二百朵》诗："好为花王作花相，不应只遣侍甘泉。"原诗有注："论花者以牡丹王，芍药近侍。"

④南山之乔，北山之梓：南山上的乔木，北山上的梓树，喻指父子。出自汉代《尚书大传·梓材》："伯禽与康叔见周公，三见而三笞之。康叔有骇色，谓伯禽曰：'有商子者，贤人也。与子见之。'乃见商子而问焉。商子曰：'南山之阳有木焉，名乔。二三子往观之，见乔实高高然而上，反以告商子。商子曰：'乔者，父道也。南山之阴有木焉，名梓。'二三子复往观，见梓实晋晋然而俯，反以告商子。商子曰：'梓者，子道也。'二三子明日见周公，入门而趋，登堂而跪。周公迎拂其首，劳而食之，曰：'尔安见君子乎？'"以此来说明儒家的父子关系，后世即以乔梓来比喻父子。

⑤荆之闻分而枯，闻不分而活：紫荆听说要分家就枯死了，听说不分家就重新复活。故事出自南朝梁吴均《续齐谐记·紫荆树》："田真兄弟三人析产，堂前有紫荆树一株，议破为三，荆忽枯死。真谓诸弟：'树本同株，闻将分斫，所以憔悴，是人不如木也。'因悲不自胜，兄弟相感，不复分产，树亦复荣。"后世以紫荆喻指兄弟。

⑥莲之并蒂：两朵花共长在一个花蒂上，成为并蒂，如并蒂莲、并蒂兰等，并常常用来比喻夫妻恩爱。

⑦兰之同心：《周易·系辞上》："二人同心，其利断金。同心之言，其臭如兰。"后来就把情投意合的朋友称为金兰之交或兰交。

⑧纲常："三纲五常"的简称。封建时代以君为臣纲，父为子纲、夫为妻纲为三纲，仁、义、礼、智、信为五常。伦理：即人伦道德之理，指人与人相处的各种道德准则。

【译文】

古人说禽兽也懂得人伦关系。我认为不但是禽兽，即使是草木也有伦理纲常。牡丹是花王，芍药是花相，这是君臣关系；南山的乔木，北山的梓树，这是父子关系；紫荆听说要分家就枯死了，听说不分家就复活了，这是兄弟关系；莲花并蒂依偎相伴，这是夫妇关系；兰花同根而生，这是朋友关系。

【原评译文】

江含徵说：三纲五常、伦理道德，现在几乎都被破坏无遗，只能向花木禽鸟兽类中探求。又说：张先生不喜欢迂腐的言论，这一则却有迂腐之气。

## 第一五七则

【原文】

豪杰易于圣贤[1]，文人多于才子。

【原评】

张竹坡曰：豪杰不能为圣贤，圣贤未有不豪杰。文人才子亦然。

【注释】

①豪杰：才智出众的人，《吕氏春秋·功名》中说："人主贤而豪杰归之。"注解说："才过百人曰豪，千人曰杰。"

【译文】

做豪杰比当圣人和贤人容易，世间文人的数量多于才子。

【原评译文】

张竹坡说：豪杰不能成为圣人和贤人，但圣人和贤人却没有不是豪杰之士的。文人和才子之间也是这样的。

## 第一五八则

【原文】

牛与马，一仕而一隐也[1]；鹿与豕[2]，一仙而一凡也。

【原评】

杜茶村曰：田单之火牛[③]，亦曾效力疆场；至马之隐者，则绝无之矣。若武王归马于华山之阳，所谓勒令致仕者也[④]。

张竹坡曰："莫与儿孙作马牛[⑤]"，盖为后人审出处语也[⑥]。

【注释】

①仕：做官。隐：隐居。

②豕（shǐ）：猪，野猪。

③田单之火牛：田单，为战国时齐国将领。据《史记·田单列传》记载，他曾经用火牛阵大破燕军。武王归马于华山之阳：据《尚书·武成》，武王克商后，"乃偃武修文，归马于华山之阳，放牛于桃林之野，示天下弗服"。

④致仕：亦作"致事"。旧时指辞官退休。

⑤莫与儿孙作马牛：比喻父母不必为儿女操心太多。出自元代无名氏《渔樵记》："月过十五光明少，人到中年万事休。儿孙自有儿孙福，莫与儿孙作马牛。"

⑥出处：出仕和隐退。语本《周易·系辞上》："君子之道，或出或处，或默或语。"

【译文】

牛和马，一个出仕做官，一个隐居山林；鹿与猪，一个是仙家，一个是俗物。

【原评译文】

杜茶村说：田单驱赶着点燃苇把的牛也曾经在战场上效劳；而对于马中的隐士，就绝对不会经历这种事情。像周武王将马放归于华山之南，就是所谓的勒令辞官了。

张竹坡说：谚语说：不要替儿女做马牛。大概是替后人考虑了出仕和隐退的言语。

# 第一五九则

【原文】

古今至文，皆血泪所致。

【原评】

吴晴岩曰[1]：山老《清泪痕》一书[2]，细看皆是血泪。

江含徵曰：古今恶文，亦纯是血。

【注释】

①吴晴岩：即吴肃公。

②《清泪痕》：张潮所作组诗五十首。

【译文】

从古代到现在的名篇佳作，都是作者用血泪写成的。

【原评译文】

吴晴岩说：张先生的《清泪痕》组诗，细看来都是作者的血泪。

江含徵说：从古代到现在的坏文章，也都是血写成的。

# 第一六〇则

【原文】

“情”之一字，所以维持世界；“才”之一字，所以粉饰乾坤[①]。

【原评】

吴雨若曰[②]：世界原从情字生出。有夫妇，然后有父子；有父子，然后有兄弟；有兄弟，然后有朋友；有朋友，然后有君臣。

释中洲曰：情与才缺一不可。

【注释】

①粉饰：打扮，装饰。此处指的是才气将世间装饰得更好。

②吴雨若：即吴肃公。

【译文】

“情”这个字，是用来维持世界运转的；“才”这个字，是用来将世间装饰得更美好的。

【原评译文】

吴雨若说：世界原本就是从情字产生出来的。有情才能有夫妻，有了夫妻才能有父子；有了父子，之后才能有兄弟；有了兄弟，之后才能有朋友；有了朋友，然后才能有帝王和臣子。

释中洲曰：情与才缺了哪一个都不行。

# 第一六一则

【原文】

孔子生于东鲁[①]，东者生方，故礼乐文章[②]，其道皆自无而有；释迦生于西方[③]，西者死地，故受想行识[④]，其教皆自有而无[⑤]。

【原评】

吴街南曰：佛游东土，佛入生方；人望西天[⑥]，岂知是寻死地？呜呼！西方之人兮，之死靡他[⑦]。

殷日戒曰：孔子只勉人生时用功，佛氏只教人死时作主，各自一意。

倪永清曰：盘古生于天心，故其人在不有不无之间。

【注释】

①东鲁：原指春秋鲁国，后以此指鲁地，大致在今山东省。

②礼乐文章：指古代儒家关于礼乐等方面的制度。文章，礼乐制度。《礼记·大传》："考文章，改正朔。"郑玄注："文章，礼法也。"孙希旦集解："文章，谓礼乐制度。"

③释迦：佛教创始人释迦牟尼（约前563—前483年），姓乔答摩，名悉达多，他生于北印度的迦毗罗王国（今尼泊尔南部），是净饭王的太子。成佛后，被世人尊称为"释迦牟尼"，意为释迦族的圣人，"释迦"是他所属的部族释迦族的名称。"佛陀"也是后人对他的尊称，意思是大彻大悟的人。

④受想行识：受（情欲）、想（意念）、行（行为）、识（心灵）是佛教所说的五蕴，又称五阴、五众，指人对外界的各种认识。佛陀认为宇宙间一切事物和现象，都不是孤立的存在，而是由多种因素条件集合而成的，五蕴即是构成我们存在以及我们赖以生存环境的五类因素。

⑤教：教义，教理。自有而无：从有到万物皆无，这是因为佛教思想主张万法皆空、世事无常，认为一切都将归于劫灭，要求修学者屏绝对世间的认知，无欲无求。

⑥西天：指西方极乐世界。

⑦之死靡他：至死不变，形容爱情专一、忠贞不贰。语出《诗经·鄘风·柏舟》："之死矢靡它，母也天只，不谅人只。"此处化用，有戏谑之意。

【译文】

孔子出生在东边的鲁国，东方是赋予生命的地方，所以儒家讲礼乐文章，它们的道统都是从没有到有；释迦牟尼出生在西方，西方是死亡之地，所以佛家说受想行识，它们的教义都从存在到非存在。

【原评译文】

吴街南说：佛法传入东土，是佛进入生命之方；凡人向往西天极乐世界，哪知道是自寻死路？呜呼！西方之人啊，我心至死不变。

殷日戒说：孔子只是勉励人们在生的时候要用功，佛教只教人们为死后做主，主张不同，各有一个意思。

倪永清说：盘古出生于天的中心，所以他这个人在存在与非存在之间。

## 第一六二则

【原文】

有青山方有绿水，水惟借色于山；有美酒便有佳诗，诗亦乞灵于酒[①]。

【原评】

李圣许曰：有青山绿水，乃可酌美酒而咏佳诗，是诗酒又发端于山水也。

【注释】

①乞灵：本意指求助于神灵或某种权威，这里比喻饮酒寻求灵感。

【译文】

有青山才有绿水，水必须从青山那里借来颜色；有美酒就能有好诗，诗也须从酒那里寻求灵感。

【原评译文】

李圣许说：有了青山绿水，才能饮美酒写好诗，所以诗和酒又源自青山绿水。

## 第一六三则

【原文】

严君平[①]，以卜讲学者也；孙思邈[②]，以医讲学者也；诸葛武侯[③]，以出

师讲学者也。

【原评】

殷日戒曰：心斋殆又以《幽梦影》讲学者耶？

戴田友曰[④]：如此讲学，才可称道学先生。

【注释】

①严君平：西汉蜀郡人，名遵，其事迹见于《汉书·王贡两龚鲍传》。他博览群书，著书十余万言，活了九十多岁，没有做官，至死都以卜筮为业。他通过卜筮宣扬忠君、孝悌等思想，蜀人对他很爱敬。《汉书》称他是“近古之逸民”。著有《道德真经指归》(《隋书·经籍志》作《老子指归》)，现仅存七卷。

②孙思邈（约581—682年）：唐京兆华原（今陕西耀县）人，享年一百零一岁。也有人认为他大约生活在542年至682年间，终年一百四十岁左右。他少因病学医，并博涉经史百家学术，善言老庄，兼通佛典。隋文帝尝以国子博士召，不拜。唐太宗时召诣京师，年已老，欲官之，不受。高宗显庆中复召见，拜谏议大夫，上元元年（674）称疾还山。采药治病，贫富贵贱，一视同仁，后世称为“药王”。著有《千金要方》《千金翼方》等。

③诸葛武侯：诸葛亮（181—234年），字孔明，东汉末避乱隆中，躬耕读书，自比于管仲、乐毅，时有“卧龙”之称。汉献帝建安十二年（207），刘备屯新野，三顾茅庐，亮陈据有荆益、西和诸戎、南抚夷越、结好孙权、共抗曹操之策，出而为刘备主要谋士。次年，曹操南争荆州，出使东吴，孙刘联合抗曹，获赤壁之胜，刘备据有荆州。建安十九年（214），入蜀增援刘备，定成都，任军师将军，镇守成都。备称帝，任丞相，录尚书事。张飞死后，领司隶校尉。章武三年（223），受遗诏辅佐刘禅，封武乡侯，领益州牧。政事无巨细，咸决于亮。东和孙权，南平诸郡，北争中原，多次出兵攻魏。与魏将司马懿对峙于渭南，病卒于五丈原军中。谥忠武。

④戴田友：疑为“戴田有”，即戴名世（1653—1713年）。清代安徽桐城人，字田有，一字褐夫，号南山，又号忧庵，人称南山先生，又称潜虚先生，文学家，“桐城派”奠基人。康熙四十八年（1709）中进士，授翰林院编修。

自少时即留心明史，遍访遗书，网罗古老传闻，得方孝标《滇黔纪闻》，采其内容入己作。五十年（1711）左都御史赵申乔劾奏所撰《南山集》用永历年号，遂得罪下狱，被杀，家属充发黑龙江。后人编有《戴南山先生全集》。

【译文】

西汉隐士严君平是靠卜筮来阐述自己理论的人，孙思邈是靠行医来阐述自己理论的人，诸葛亮是靠用兵来宣扬自己主张的人。

【原评译文】

殷日戒说：张先生大概是以《幽梦影》来阐述自己主张的人吧？

戴田友说：像这样阐述学问，才可以称为道学先生。

## 第一六四则

【原文】

人则女美于男，禽则雄华于雌[①]，兽则牝牡无分者也[②]。

【原评】

杜于皇曰[③]：人亦有男美于女者，此尚非确论。

徐松之曰[④]：此是茶村兴到之言[⑤]，亦非定论。

【注释】

①华：这里指羽毛漂亮、华美。

②牝（pìn）：指雌性的兽。牡：指雄性的兽。汉毛亨《诗传》：“飞曰雌雄，走曰牝牡。”

③杜于皇：即杜濬。

④徐松之：徐崧，清江苏吴江人，字松之，号臞庵。有诗名，好游佳山水，曾缀集吴地古迹，与友张大纯撰《百城烟水》，体例仿宋祝穆《方舆胜

览》，网罗甚广，熔方志、游记、诗集于一炉，体例新颖，文采亦佳。

⑤茶村：指杜于皇，茶村是他的号。兴到之言：一时兴起的言语。

【译文】

人类是女的比男的漂亮，鸟类则是雄的比雌的华美，兽类则雌雄的美、丑没有差别。

【原评译文】

杜于皇说：人类也有男人比女人更漂亮的，这一点还不是确切的言论。

徐松之说：这些是茶村一时兴致的话，也并不是确切论断。

## 第一六五则

【原文】

镜不幸而遇嫫母[①]，砚不幸而遇俗子，剑不幸而遇庸将，皆无可奈何之事。

【原评】

杨圣藻曰：凡不幸者，皆可以此概之。

闵宾连曰：心斋案头无一佳砚，然诗文绝无一点尘俗气，此又砚之大幸也。

曹冲谷曰[②]：最无可奈何者，佳人定随痴汉[③]。

【注释】

①嫫（mó）母：古代传说中的丑女，据说是黄帝的第四个妃子，貌丑而

有德才。这里泛指丑陋的女性。

②曹冲谷：曹铨，字冲谷，丰润（今属河北）人。官理藩院知事。有《雪窗诗集》。

③痴汉：指拙钝不灵的男子。《北史·齐显祖文宣帝本纪》："帝大笑曰：'天下有如此痴汉！方知龙逄、比干，非是俊物。'"

【译文】

镜子不幸遇上丑陋的妇女，砚台不幸遇上没有学问的庸人，宝剑不幸遇上没有作为的将领，这都是没有办法的事情。

【原评译文】

杨圣藻说：凡是不幸的人都可以用这种方法概括。

闵宾连说：张先生的书桌上没有一方好砚台，但是写出的诗文没有一丝尘世庸俗之气，这又是砚台的一大幸运之事了。

曹冲谷说：最令人无可奈何的事是，漂亮的女人注定要嫁给愚痴的男子。

## 第一六六则

【原文】

天下无书则已，有则必当读；无酒则已，有则必当饮；无名山则已，有则必当游；无花月则已，有则必当赏玩；无才子佳人则已，有则必当爱慕怜惜。

【原评】

弟木山曰：谈何容易，即吾家黄山[1]，几能得一到耶？

【注释】

①吾家黄山：我家黄山。张潮和弟弟生于黄山南麓的歙县，可以说他的

家就在黄山附近，所以其弟自称如此。

【译文】

天底下没有书便罢了，有书的话就一定要读；天下没有酒便罢了，有酒的话就一定要喝；天下没有名山大川便罢了，有的话便一定要游览；天下没有娇花明月便罢了，有的话便一定要观赏品味；天下没有才子佳人便罢了，有的话便一定要爱慕怜惜。

【原评译文】

弟木山说：哪有说得那么简单，就连咱们家乡的黄山又什么时候能到那里游玩呢？

## 第一六七则

【原文】

秋虫春鸟，尚能调声弄舌，时吐好音[①]；我辈搦管拈毫[②]，岂可甘作鸦鸣牛喘[③]？

【原评】

吴菌次曰：牛若不喘，宰相安肯问之[④]？

张竹坡曰：宰相不问科律而问牛喘，真是文章司命[⑤]。

倪永清曰：世皆以鸦鸣牛喘为凤歌鸾唱[⑥]，奈何！

【注释】

①好音：动听的声音，语出《诗经·鲁颂·泮水》："翩彼飞鸮，集于泮林。食我桑椹，怀我好音。"

②搦（nuò）管拈毫：指拿起笔来写文章。搦、拈，都有握执之意。管、毫，都代指笔。

③鸦鸣牛喘：鸦声聒噪刺耳，牛因热气喘的声音充满痛苦，两者都是极为难听的声音，此处比喻写出的文章拙劣不堪。

④宰相安肯问之：宰相哪里会过问。故事出自《汉书·丙吉传》："吉又尝出，逢清道群斗者，死伤横道，吉过之不问，掾史独怪之。吉前行，逢人逐牛，牛喘吐舌，吉止驻，使骑吏问：'逐牛行几里矣？'掾史独谓丞相前后失问，或以讥吉，吉曰：'民斗相杀伤，长安令、京兆尹职所当禁备逐捕，岁竟丞相课其殿最，奏行赏罚而已。宰相不亲小事，非所当于道路问也。方春少阳用事，未可大热，恐牛近行，用暑故喘，此时气失节，恐有所伤害也。三公典调和阴阳，职当忧，是以问之。'掾史乃服，以吉知大体。"

⑤司命：本指掌管生命的神，此处借指掌握别人命运的人。

⑥凤歌鸾唱：凤鸾的鸣叫，优美且难得一闻。

【译文】

秋天的昆虫和春天的鸟儿，尚且能够调整自己的口舌，不时地发出动听的声音；我们这些舞文弄墨的人，怎么可以甘心像乌鸦叫和牛喘息那样，写出粗劣不堪的文章呢？

【原评译文】

吴菌次说：牛假如不喘息，宰相丙吉又怎么会问发生了什么呢？

张竹坡说：宰相不问犯科律的事而问牛为什么喘息，真是一个只会做文章的小神。

倪永清说：世上的人都把乌鸦啼叫和牛喘声当做难得一闻的凤鸾鸣叫声，有什么办法呢！

## 第一六八则

【原文】

媸颜陋质[①]，不与镜为仇者，亦以镜为无知之死物耳。使镜而有知，必遭扑破矣[②]。

【原评】

江含徵曰：镜而有知，遇若辈早已回避矣[③]。

张竹坡曰：镜而有知，必当化媸为妍。

【注释】

①媸（chī）颜陋质：容貌丑陋、姿色平庸的人。媸，丑陋，与“妍”相对。

②扑：打，击。

③若辈：这些人。

【译文】

那些容颜姿质丑陋的人，不跟镜子结仇，是因为把镜子当作没有生命的东西。假如镜子像人有知觉，一定就会被摔破了。

【原评译文】

江含徵说：镜子要是有知觉，遇见这些面貌丑陋的人早就设法躲避了。

张竹坡说：镜子要是有知觉，一定要把丑陋的女子变为貌美的女子。

# 第一六九则

【原文】

吾家公艺[①]，恃百忍以同居，千古传为美谈。殊不知忍而至于百，则其家庭乖戾睽隔之处[②]，正未易更仆数也[③]。

【原评】

江含徵曰：然除了一忍，更无别法。

顾天石曰：心斋此论，先得我心。忍以治家，可耳，奈何进之高宗[④]，使忍以养成武氏之祸哉[⑤]？

倪永清曰：若用忍字，则百犹嫌少，否则以剑字处之足矣。或曰：“出家”二字足以处之。

王安节曰：惟其乖戾睽隔，是以要忍。

【注释】

①吾家公艺：指唐代张公艺。因为彼此同姓，所以张潮称他为“吾家公艺”。张公艺，郓州寿张人，他们家九代同居，没有分家。北齐及隋开皇年间，北齐东安王高永乐及隋文帝时邵阳公梁子恭都曾亲往慰抚。唐太宗贞观年间也特别派人加以旌表。麟德年间，唐高宗封泰山回朝时，亲自到张公艺家中，询问其如何做到九世同居，张公艺取来纸笔，写了一百多个“忍”字，呈送给高宗，这就是后人所说的《百忍图》。高宗颇为感动，并赐予他缣帛。

②乖戾（lì）睽（kuí）隔：有矛盾，不和谐。乖戾，抵触，不一致。睽隔，有隔阂，不和睦。

③未易更仆数：原意是事情很多，一下子说不完，一件一件说就需要很

长时间，即使中间换了人也未必能说完。后形容人或事物繁多，难以计数。

④高宗：指唐高宗李治。

⑤武氏之祸：指武则天篡夺唐代皇权，建立周朝。

【译文】

我的同姓张公艺依靠着上百个忍字而九代同居一处，成为千百年来被人称道的好事。世人却不知光忍耐就能达上百个，那他家庭里隔阂不睦的地方，必定多得说也说不完。

【原评译文】

江含徵说：然而除了一个忍字外，再也没有别的办法了。

顾天石说：张先生这番议论，首先得到我心中的赞许。用忍来管理家庭是可以的，奈何他将这个办法进献给高宗，用忍字来治理国家，结果使高宗忍到养成了武则天夺取李氏政权的祸患？

倪永清说：若是靠忍字，那么上百个也嫌不够，不然用剑字来对待就够了。有人说“出家”二字足以应对了。

王安节说：正因家中隔阂不睦，所以才要忍耐。

## 第一七〇则

【原文】

九世同居，诚为盛事，然止当与割股、庐墓者作一例看[①]。可以为难矣，不可以为法也[②]，以其非中庸之道也。

【原评】

洪去芜曰：古人原有父子异宫之说[③]。

沈契掌曰：必居天下之广居而后可[④]。

【注释】

①割股：割下自己腿上的肉给生病的父母吃，据说有奇特疗效，这是封建时代的一种迷信、愚昧的做法，但旧时古人认为是大忠大孝的表现。庐墓：古礼，古人于父母或师长死后，服丧期间在墓旁搭盖小屋居住，守护坟墓，谓之庐墓。这在古代也被认为是孝的表现。

②为难：看作很难的事情。法：标准，楷模。

③父子异宫：父子不住在同一宫室。北齐颜之推《颜氏家训》云："父子之严，不可以狎；骨肉之爱，不可以简。简则慈孝不接，狎则怠慢生焉。由命士以上，父子异宫，此不狎之道也；抑搔痒痛，悬衾箧枕，此不简之教也。"大意是古代规定，有官职的人家父子应该分开居住，以使父子之间不狎近、不随意；儿子要关心父母的病痛，为其收拾卧具，以使骨肉之间不至于简慢疏忽。

④广居：宽大的住所，儒家用来比喻仁。《孟子·滕文公下》："居天下之广居，立天下之正位，行天下之大道。"

【译文】

九代人同居的确是一件难能可贵的事，然而只应当把它与割肉给父母吃了治病、父母葬后守墓三年的行为一样看待。可以将此看做难能可贵的事，不应该把它当做行为标准，因为它不符合中庸的最高道德标准。

【原评译文】

洪去芜说：古代的人原本就有父亲和儿子不住在同一宫室的说法。

沈契掌说：一定要有天下最宽敞的住所之后才可以九世同居。

## 第一七一则

【原文】

作文之法：意之曲折者[①]，宜写之以显浅之词；理之显浅者，宜运之以曲折之笔[②]；题之熟者，参之以新奇之想；题之庸者，深之以关系之论[③]。至于窘者舒之使长[④]，缛者删之使简[⑤]，俚者文之使雅，闹者摄之使静，皆所谓裁制也。

【原评】

陈康畴曰：深得作文三昧语。

张竹坡曰：所谓节制之师。

王丹麓曰：文家秘旨，和盘托出，有功作者不浅。

【注释】

①曲折：指主题或立意比较复杂。

②曲折之笔：指运用婉转迂回的写法。

③深：这里作动词用，指深入挖掘。关系之论：题目所蕴含的深层意思或引申之义。

④窘：窘迫短促。

⑤缛：繁琐重复。

【译文】

写文章的方法：立意比较隐晦曲折的，应该用浅显易懂的语言来表达；

道理简单明了的，应该运用曲折跌宕的笔法来论述；题目为大家所熟知的，就加上一些新鲜奇特的构想；题目比较平庸的，深入挖掘其中蕴含的深层含义。至于窘迫短促的地方应该用舒缓笔调使它变长，繁琐重复的地方应该删减多余的章节词语使它变得简洁，鄙俗粗浅的要修饰文字使它变得有趣味不俗气，文辞浮躁的要抑制以使它平和，这里所说的，都是文章的规划安排。

【原评译文】

陈康畴说：这是深得写文章诀窍的话。

张竹坡说：这就类似人们所说的军纪严整的队伍。

王丹麓说：把写文章的秘旨毫无保留地说出，对写作者的益处不小。

## 第一七二则

【原文】

笋为蔬中尤物①，荔枝为果中尤物，蟹为水族中尤物②，酒为饮食中尤物，月为天文中尤物，西湖为山水中尤物，词曲为文字中尤物。

【原评】

张南村曰③：《幽梦影》可为书中尤物。

陈鹤山曰：此一则又为《幽梦影》中尤物。

【注释】

①尤物：珍贵的物品，美好珍贵、惹人怜爱的东西。

②水族：统称生活在水里的动物。

③张南村：张惣（1619—1694年），字南村，一字僧持，号蘼芜庵。明末清初江宁（今江苏南京）人，诸生，善诗画，好游山水。有《蘼芜庵集》《南村集》。《虞初新志》卷八收录其笔记小说《万夫雄打虎传》。

【译文】

竹笋是蔬菜中的珍品，荔枝是水果中的珍品，螃蟹是水族中的珍品，酒是饮品食物中的珍品，月亮是天文中的珍品，西湖是山水中的珍品，词曲是文学作品中的珍品。

【原评译文】

张南村说：《幽梦影》可算是书中的美好之物。

陈鹤山说：这一则又是《幽梦影》中的美好之物。

## 第一七三则

【原文】

买得一本好花[①]，犹且爱护而怜惜之，矧其为解语花乎[②]？

【原评】

周星远曰：性至之语，自是君身有仙骨，世人那得知其故耶！

石天外曰：此一副心，令我念佛数声。

李若金曰：花能解语，而落于粗恶武夫，或遭狮吼戕贼[③]，虽欲爱护，何可得！

王司直曰：此言是恻隐之心[④]，即是是非之心。

【注释】

①一本：原意是指植物的根、干，这里用作植物的计量单位，一本就是一株、一棵。

②矧（shěn）：何况。

③戕（qiāng）贼：摧残，伤害。

④恻隐之心：形容对人寄予同情。恻隐，对别人的不幸表示同情。《孟

子·告子上》："恻隐之心，人皆有之。"

【译文】

买到一株好花，尚且要爱护并怜惜它，何况面对的是善解人意的美人呢？

【原评译文】

周星远说：能说出这一番极有性情的话，是因为张先生身上具有仙骨，普通人哪里能够明白其中的缘故呢！

石天外说：这一副菩萨心肠，令我感动至念几声佛，祈求保佑。

李若金说：貌美如花又善解人意，却落入粗俗凶恶的武夫之手，或者是遭到凶悍妒妇的摧残，即便想要爱护怜惜，又如何能做到！

王司直说：这番话是发了同情之心，也是招惹是非之心。

## 第一七四则

【原文】

观手中便面[①]，足以知其人之雅俗，足以识其人之交游。

【原评】

李圣许曰：今人以笔资丐名人书画[②]，名人何尝与之交游？吾知其手中便面虽雅，而其人则俗甚也。心斋此条，犹非定论。

毕嵎谷曰[③]：人苟肯以笔资丐名人书画，则其人犹有雅道存焉。世固有并不爱此道者。

钱目天曰：二语皆然。

【注释】

①便面：本来指用以遮住脸面的扇状物，后来把团扇、折扇等也统称为便面，也叫屏面、扇面。

②丐：乞求，请求。

③毕嵎（yú）谷：毕熙旸，字嵎谷，安徽歙县人，著有《佛解六篇》等。

【译文】

看一个人手中拿的扇面，就可以知道这个人是高雅还是庸俗，就可以推知这个人与什么样的人交往。

【原评译文】

李圣许说：现在的人用钱求购名人的书画，名人什么时候与他相交往过？我知道他手里拿的扇面非常雅致、不俗气，但是他这个人却非常庸俗。张先生说的这一条，仍然不能作为定论。

毕嵎谷说：既然有人肯用钱请求名人的书法或者画作，那么这个人仍然还有一分高雅的兴趣存在。世上确实有并不喜欢这种高雅兴趣的人。

钱目天说：这两种说法都对。

## 第一七五则

【原文】

水为至污之所会归，火为至污之所不到。若变不洁为至洁，则水火皆然。

【原评】

江含徵曰：世间之物，宜投诸水火者不少，盖喜其变也。

【译文】

水是最污秽的东西汇聚的地方，火是最污秽的东西不能到达的地方。如果把不干净的东西变为最洁净的，那么水与火都可以做到。

【原评译文】

江含徵说：世上的物品，应该扔到水中火里的有不少，只因为喜见它们的变化啊。

## 第一七六则

【原文】

貌有丑而可观者，有虽不丑而不足观者；文有不通而可爱者，有虽通而极可厌者。此未易与浅人道也[①]。

【原评】

陈康畴曰：相马于牝牡骊黄之外者[②]，得之矣。

李若金曰：究竟可观者必有奇怪处，可爱者必无大不通。

梅雪坪曰[③]：虽通而可厌，便可谓之不通。

【注释】

①浅人：肤浅、没有见识的人。

②相马于牝牡骊黄之外：挑选好马不必拘于毛色性别，意思是考察事物应抓住本质。骊，黑色。故事出自《列子·说符》，古代善相马的伯乐年老，推荐九方皋为秦穆公访求骏马。三月后于沙丘求得之。穆公问为何马，回答说是“牝而黄”；穆公派人去看，却是“牝而骊”。于是责备伯乐。伯乐向他解释说：“若皋之所

观，天机也。得其精而忘其粗，在其内而忘其外；见其所见，不见其所不见；视其所视，而遗其所不视。若皋之相马，乃有贵乎马者也。”意思是说九方皋所注意的是马的风骨品性，那些外表他已不去留心，这正是他善于相马的证明。后来发现，九方皋相中的果然是天下稀有的良马。

③梅雪坪：梅庚（1640—约1722年），字耦长，又字耦耕、子长，号雪坪，晚号听山翁，别名阿庚、慕园等，梅鼎祚孙，清安徽宣城人，康熙二十一年（1682）举人，官浙江泰顺知县。善八分书，尤长于诗画，性狷介，客游京师时，不妄投一刺。有《天逸阁集》《吴市吟》等。

【译文】

有些人容貌长得虽然丑陋但耐看，有些人虽然不丑却不值得看；有的文章虽然不通顺但令人喜爱，有的虽然通顺却令人厌恶。这些话很难和浅薄的人说。

【原评译文】

陈康畴说：相马能看到公母黑黄之外的本质，这才是真会相马。

李若金说：推究起来值得欣赏的人必然有奇特怪异的地方，令人喜爱的文章必定没有特别不通顺的地方。

梅雪坪说：文章虽然通顺但是令人厌恶，便可以称之为不通畅。

## 第一七七则

【原文】

游玩山水亦复有缘，苟机缘未至，则虽近在数十里之内，亦无暇到也。

【原评】

张南村曰：予晤心斋时，询其曾游黄山否，心斋对以未游，当是机缘未至耳。

陆云士曰：余慕心斋者十年，今戊寅之冬始得一面[①]，身到黄山恨其晚，而正未晚也。

【注释】

①戊寅：指康熙三十七年（1698）。

【译文】

游览玩赏山水也要讲究缘分，如果机会缘分没有来到，那么即使山水近在几十里之内，也没有闲暇去游览。

【原评译文】

张南村说：我见到张先生的时候，问他曾经游玩过黄山没有，张先生回答说没游玩过，应当是缘分还没到吧。

陆云士说：我仰慕张先生十年，到如今的戊寅年（1698）冬天才得见一面，身至黄山时遗憾来得晚，其实并不晚。

## 第一七八则

【原文】

“贫而无谄，富而无骄”[①]，古人之所贤也。贫而无骄，富而无谄，今人之所少也。足以知世风之降矣。

【原评】

许来庵曰[②]：战国时已有贫贱骄人之说矣[③]。

张竹坡曰：有一人一时，而对此谄对彼骄者，更难。

【注释】

①贫而无谄，富而无骄：贫困而不谄媚，富贵而不骄横。语出《论语·

学而》:“子贡曰:‘贫而无谄,富而无骄,何如?’子曰:‘可也。未若贫而乐,富而好礼者也。’”

②许来庵:即徐承家。

③贫贱骄人:身处贫贱但很自豪,指贫贱的人蔑视权贵。语出《史记·魏世家》:“富贵者骄人乎?且贫贱者骄人乎?”

【译文】

“贫穷而不谄媚,富贵而不骄横”,这是古人所崇尚的品行。贫穷卑微而不骄横,富贵而不巴结奉承,这是现在的人所缺少的品行。由此足以知晓社会风气的下降啊。

【原评译文】

许来庵说:战国时期就已经有贫贱者骄横凌人的说法了。

张竹坡说:有时一个人一会儿对这个人巴结奉承,一会儿对另一个人骄横,就更加困难了。

## 第一七九则

【原文】

昔人欲以十年读书、十年游山、十年检藏[①]。予谓检藏尽可不必十年,只二三载足矣。若读书与游山,虽或相倍蓰[②],恐亦不足以偿所愿也。必也如黄九烟前辈之所云,“人生必三百岁而后可”乎?

【原评】

江含徵曰:昔贤原谓尽则安能,但身到处莫放过耳。

孙松坪曰:吾乡李长蘅先生[③],爱湖上诸山,有“每个峰头住一年”之句[④],然则黄九烟先生所云犹恨其少。

张竹坡曰：今日想来，彭祖反不如马迁⑤。

【注释】

①检藏：检点藏书。

②或相倍蓰（xǐ）：语出《孟子·滕文公上》："夫物之不齐，物之情也。或相倍蓰，或相什百，或相千万。"本指事物之间有时相差好几倍，此处指相差几倍的时间。倍蓰，指数倍。倍，一倍。蓰，五倍。

③吾乡李长蘅先生：因李长蘅也是安徽歙县人，与张潮是同乡，所以此处称"吾乡李长蘅先生"。李长蘅，李流芳（1575—1629年），字茂宰，又字长蘅，号檀园，又号香海、泡庵，晚称慎娱居士，本安徽歙县人，侨居嘉定（今属上海）。与唐时升、娄坚、程嘉燧称"嘉定四君子"。与钱谦益友善，常往来常熟。万历三十四年（1606）举人，天启间宦官专权，遂绝意仕进。性孝友，能急友人之难，人品、文品俱高。工诗，擅书法，又能刻印。精绘事，擅山水，为"画中九友"之一。著有《檀园集》。

④每个峰头住一年：诗句出自明代诗人钟禧的《和友人招游西湖》："万顷西湖水贴天，芙蓉杨柳乱秋烟。湖边为问山多少？每个峰头住一年。"表达了诗人对西湖山水的热爱之情。

⑤彭祖：传说中的人物，因封于彭，故称彭祖。传说他善养生，善导引之术，活到八百高龄。事见汉代刘向的《列仙传·彭祖》。马迁：指司马迁。

【译文】

过去的人想要用十年的时间读书，用十年的时间游览山川，用十年的时间检点收藏书籍。我认为检藏完全可以不用花十年，只要两三年就足够了。像读书和游览山水，即使花上几倍的时间做，恐怕也不能够使自己的愿望得

到满足。必须得像黄九烟前辈说的那样人生一世必须要活上三百岁才可以啊。

【原评译文】

江含徵说：过去的贤人原本认为游玩穷尽怎么可能，只是自身去到的地方不要放过罢了。

孙松坪说：我家乡的李长蘅先生喜爱西湖上的各座山，有“每个峰头住一年”的诗句，然而像黄九烟先生所说的人生要活三百岁，看来还是嫌少啊。

张竹坡说：现在想来，长寿的彭祖反倒比不上游历广的司马迁。

## 第一八〇则

【原文】

宁为小人之所骂，毋为君子之所鄙；宁为盲主司之所摈弃[①]，毋为诸名宿之所不知[②]。

【原评】

陈康畴曰：世之人自今以后，慎毋骂心斋也。

江含徵曰：不独骂也，即打亦无妨，但恐鸡肋不足以安尊拳耳[③]。

张竹坡曰：后二句足少平吾恨。

李若金曰：不为小人所骂，便是乡愿[④]；若为君子所鄙，断非佳士。

【注释】

①盲主司：不能选拔真正人才的主考官。主司，古代科举考试的主考官。摈弃：排斥，抛弃，这里指不被录取。

②名宿：素有名望的人。

③但恐鸡肋不足以安尊拳耳：只怕我这如鸡肋般瘦弱的身体，没有地方

可以安放您的拳头。鸡肋，鸡的肋骨。比喻瘦弱的身体。此句是化用了刘伶的典故。《晋书·刘伶传》中载："尝醉与俗人相忤，其人攘袂奋拳而往。伶徐曰：'鸡肋不足以安尊拳。'其人笑而止。"

④乡愿：貌似谨厚，没有是非观念、谁也不得罪的所谓"好人"，实际上是与世俗同流合污，谁也不得罪的伪善者。语出《论语·阳货》："子曰：'乡愿，德之贼也。'"

【译文】

宁愿被小人所辱骂，不能被品格高尚的人所看不起；宁愿被不识英才的主考官所摒弃，不能让那些素有名望的学者所不知道。

【原评译文】

陈康畴说：世上的人从今天往后，千万不要骂张先生了。

江含徵说：不仅只是辱骂，就算被小人打也不妨碍，只恐怕张先生这如鸡肋般瘦弱的身体，没有地方可以安放拳头罢了。

张竹坡说：后面两句话完全可以稍稍平息我心中的怨恨。

李若金说：不被小人所辱骂，就是一个伪善欺世的人；假如被人格高尚的人所鄙视，肯定不是品行优良的人。

## 第一八一则

【原文】

傲骨不可无，傲心不可有。无傲骨则近于鄙夫，有傲心不得为君子。

【原评】

吴街南曰：立君子之侧，骨亦不可傲；当鄙夫之前，心亦不可不傲。

石天外曰：道学之言，才人之笔。

庞笔奴曰：现身说法，真实妙谛。

【译文】

骨子里的傲气不可以没有，傲慢的心思不可以有。没有高傲风骨的人就近似粗鄙浅陋的人，有了傲慢心思的人就不能成为有德行的君子。

【原评译文】

吴街南说：站在人格高尚的人身旁，风骨也不能高傲；处于庸俗浅陋的人面前，心思也不能不骄傲。

石天外说：道学家的言论，用才子的文笔写出。

庞笔奴说：如同菩萨化身宣说法理，是真实不虚的精妙真谛。

## 第一八二则

【原文】

蝉为虫中之夷齐①，蜂为虫中之管晏②。

【原评】

崔青峙曰③：心斋可谓虫中之董狐④。

吴镜秋曰⑤：蚊是虫中酷吏，蝇是虫中游客。

【注释】

①夷齐：伯夷、叔齐，代指古代高尚有节的隐士。伯夷、叔齐是孤竹国君的两个儿子，相传其父遗命立其弟叔齐为君，叔齐让伯夷，伯夷遁去。叔齐亦不立，而相与往归西伯周文王。周武王伐纣，两人叩马谏，以为不仁。及周灭商，夷、齐耻食周粟而隐于首阳山，采薇而食，遂饿死。

②管晏：管仲和晏婴的并称，分别是春秋时齐桓公、齐景公的相国，两人均足智多谋、善于治理国事，常用来指代有智谋、长于国事的大臣。《史

记·孟子荀卿列传》："子之称淳于先生，管晏不及，及见寡人，寡人未有得也。"

③崔青峙：崔岱齐，字青峙，号天门，平山（今属河北）人。康熙甲子拔贡，曾任职刑部江南司部、湖南长沙知府，廉洁清正，学识渊博，著有《坐啸诗草》《骊珠集》等。

④董狐：春秋时期晋灵公史官。周人辛有后裔，世袭太史，亦称史狐。灵公十四年（前607），公欲杀正卿赵盾，盾出奔未越境，盾族弟赵穿袭杀灵公，迎盾还。狐书于史策曰："赵盾弑其君。"以示于朝。盾不以为然。狐以盾身为正卿，出走未越境，归不讨贼，杀君者非盾而谁。孔子闻之，称其为古之良史。

⑤吴镜秋：吴雯炯，字镜秋，号葛巾老人，清安徽歙县丰南人。寓居江西南昌蓼洲，尝师从吴绮，得填词法。年八十一卒，无子。著有《香草词》《笙山草堂诗》等。

【译文】

蝉是昆虫中洁身自好的伯夷

和叔齐，蜜蜂是昆虫中勤恳能干的管仲和晏子。

【原评译文】

崔青峙说：张先生可以说是昆虫中直书不讳的良史董狐。

吴镜秋说：蚊子是昆虫中的严酷官吏，苍蝇是昆虫中的投靠权贵者。

## 第一八三则

【原文】

曰痴、曰愚、曰拙、曰狂，皆非好字面[①]，而人每乐居之；曰奸、曰黠、曰强、曰佞，反是[②]，而人每不乐居之，何也？

【原评】

江含徵曰：有其名者无其实，有其实者避其名。

【注释】

①好字面：意义比较好的字。

②反是：跟上面的情况相反。

【译文】

痴、愚、拙、狂，都不是有好含义的字，而人们往往很乐意接受。大家说的奸、黠，强、佞等字，这些跟上面的相反，人们往往不高兴接受，这是为什么呢？

【原评译文】

江含徵说：这是因为有这种名声的人没有实际行为，而有这种实际行为的人逃避这种名声。

# 第一八四则

【原文】

唐虞之际①，音乐可感鸟兽②。此盖唐虞之鸟兽，故可感耳；若后世之鸟兽，恐未必然。

【原评】

洪去芜曰：然则鸟兽亦随世道为升降耶？

陈康畴曰：后世之鸟兽，应是后世之人所化身，即不无升降，正未可知。

石天外曰：鸟兽自是可感，但无唐虞音乐耳。

毕右万曰：后世之鸟兽，与唐虞无异，但后世之人迥不同耳。

【注释】

①唐虞之际：指尧与舜统治的时代，是古人心目中的太平盛世。唐虞，即尧、舜。尧为陶唐氏，舜为有虞氏。际：时期。

②音乐可感鸟兽：据《尚书》中的《益稷》《舜典》等篇记载，舜时夔为乐官，掌管音乐，演奏时可以打动飞禽走兽，使之应和世道。

【译文】

尧和舜时期的音乐可以感动飞禽走兽。这大概因为它们是尧舜时期的飞禽走兽，有感受音乐的能力，也可能是尧舜时的太平盛世让它们感动；如果是后世的飞禽走兽，恐怕未必会这样。

【原评译文】

洪去芜说：难道飞禽走兽的品性也随着世道的盛衰而有所上升和下降吗？

陈康畴说：后世的飞禽走兽，应该是后世之人的化身，即使没有世风的

盛衰变化，也不一定会被感动。

石天外说：飞禽走兽自身是可以被感动的，只是没有尧和舜时期的音乐罢了。

毕右万说：后世的飞禽走兽，跟尧舜时期的飞禽走兽没有不同，只是后世的人跟尧舜时期的人完全不同罢了。

## 第一八五则

【原文】

痛可忍而痒不可忍，苦可耐而酸不可耐。

【原评】

陈康畴曰：余见酸子偏不耐苦[1]。

张竹坡曰：是痛痒关心语。

余香祖曰：痒不可忍，须倩麻姑搔背[2]。

释牧堂曰[3]：若知痛痒，辨苦酸，便是居士悟处。

【注释】

①酸子：即酸丁。旧时对贫寒而迂腐的读书人的贬称。

②麻姑：传说中的仙女。传说东汉桓帝时曾应仙人王远（字方平）召，降于蔡经家，为一美丽女子，年可十八九岁，手纤长似鸟爪。蔡经见之，就想入非非："背大痒时，得此爪以爬背，当佳。"方平知经心中所念，使人鞭之，且曰："麻姑，神人也，汝何思谓爪可以爬背耶？"麻姑自云："接待以来，已见东海三为桑田。"又能掷米成珠，为种种变化之术。事见晋代葛洪所撰的《神仙传》。

③释牧堂：不详。

【译文】

疼痛可以忍受而瘙痒却无法忍受；苦味可以忍耐而酸味却无法忍耐。

【原评译文】

陈康畴说：我看见那些酸腐读书人偏偏忍耐不了困苦。

张竹坡说：这是痛痒都关心的话。

余香祖说：瘙痒无法忍受时可以请麻姑挠一挠。

释牧堂说：假如知道痛与痒，能够分辨出苦味与酸味，就是在家信佛人的悟道之处。

## 第一八六则

【原文】

镜中之影，着色人物也①；月下之影，写意人物也②。镜中之影，钩边画也③；月下之影，没骨画也④。月中山河之影⑤，天文中地理也；水中星月之象，地理中天文也。

【原评】

恽叔子曰⑥：绘空镂影之笔。

石天外曰：此种着色写意，能令古今善画人一齐搁笔。

沈契掌曰：好影子俱被心斋先生画着。

【注释】

①着色人物：涂上了色彩的人物画。

②写意：国画的一种画法，用笔高简、只求传神而不求工细，着意注重表现神态和抒发作者的意趣。多用水墨，不着色。

③钩边画：画法的一种，用线条描出物体形象的轮廓，然后设色填充。

因为从两条线勾成物形，又称为双勾画法。

④没骨画：国画中花鸟、人物的一种画法，画时只用彩色，不用双勾，类似今天的水彩画。元王冕、清恽寿平等人均以没骨画见长。

⑤月中山河之影：古人认为月亮上的阴影是地上山河的影子。

⑥恽叔子：恽格（1633—1690年），字寿平，又字正叔，亦称叔子，号南田，又有别号白云外史、云溪外史、东园客、草衣生、横山樵者、巢枫客，明末清初武进（今属江苏）人。十五岁在福建被清大将陈锦所掳，认为义子。父在杭州访得，请灵隐寺方丈谛晖劝锦，谓此子有慧根而福薄。乃剃度为僧。不久，随父回乡。初画山水，笔墨秀峭，后改画没骨花卉，自成一家，工诗，书法学唐褚遂良，诗书画人称三绝。有《瓯香馆集》《南甲诗钞》等。

【译文】

镜子中的影子是工笔画中上了颜色的人物画；月光下的影子是传神写意的人物画。镜子里的影子，是用了双勾法的人物画；月光下的影子是只用水墨的没骨画。月亮中隐现的山川河流的影子，是宇宙中的地表；而水中倒映的星星月亮的影像，是地面中的宇宙。

【原评译文】

恽叔子说：这是对空绘画、对着影子雕刻的笔法。

石天外说：这种着色画与写意画，能让古往今来善于画画的人一起搁笔。

沈契掌说：美好的影子都被张先生画下来了。

## 第一八七则

【原文】

能读无字之书，方可得惊人妙句；能会难通之解，方可参最上禅机[①]。

【原评】

黄交三曰：山老之学，从悟而入，故常有彻天彻地之言。

【注释】

①禅机：禅语机锋。禅为梵语音译“禅那”的省称，是静思之意。参禅就是玄思冥想、探究真理。

【译文】

能够读懂没有文字的书，才可以写出令人惊讶的好句子；能够领会难以解释的问题，才可以参悟最高深的禅法机要。

【原评译文】

黄交三说：张先生的学问，从领悟入手，所以经常有贯通天地的言论。

## 第一八八则

【原文】

若无诗酒，则山水为具文[①]；若无佳丽，则花月皆虚设。

【注释】

①具文：空文，徒有形式而无实际作用。

【译文】

如果没有诗和酒，那么山水不过是徒有形式的空文；如果没有美丽的女子，那么鲜花和月亮都形同虚设。

## 第一八九则

【原文】

才子而美姿容[①]，佳人而工著作[②]，断不能永年者，匪独为造物之所忌。盖此种原不独为一时之宝，乃古今万世之宝，故不欲久留人世以取亵耳[③]。

【原评】

郑破水曰：千古伤心，同声一哭。

王司直曰：千古伤心者，读此可以不哭矣。

【注释】

①美姿容：有美好的仪态和容貌。

②工著作：工于著述，这里指擅长撰写诗文。

③取亵：招致亵渎。取，得到，招致。亵，轻慢侮弄。

【译文】

姿态容貌俊美的才子，美丽漂亮而擅长写文章的佳人，之所以绝对不能长寿，并不只是因为被造物主所忌恨。因为这种人原本不只是一个时期内的珍宝，也是从古代到现代的万世珍宝，所以造物主不愿让他们久留于人间而招致俗世的亵渎罢了。

【原评译文】

郑破水说：这是千百年来的人都很伤心的事，大家一起为这不幸而悲哀吧。

王司直说：千百年来为此而伤心的人，读了这段话可以不必悲伤了。

## 第一九〇则

【原文】

陈平封曲逆侯[①]，《史》《汉》注皆云“音去遇”。予谓此是北人土音耳。若南人四音俱全[②]，似仍当读作本音为是（北人于唱曲之“曲”，亦读如“去”字）。

【原评】

孙松坪曰：曲逆，今完县也。众水潆洄[③]，势曲而流逆。予尝为土人订之。心斋重发吾覆矣[④]。

【注释】

①陈平（前？—前178）：西汉河南阳武人。少时家贫而好学，秦末，陈胜起事，事魏咎为太仆。后从项羽入关，任都尉。旋归刘邦，任护军中尉，为谋士。献离间项羽、范增、笼络韩信之计，均为采纳。刘邦被匈奴围于平城，陈平以计赂匈奴阏氏，使其得出。高祖六年（前200），封曲逆侯。惠帝、吕后、文帝时历任丞相。吕后死，平与太尉周勃合力诛诸吕，迎立汉文帝。卒谥献。曲逆，即今河北完县。

②四音：即四声。北方多数地方语音中无入声，曲、逆两字读如“去遇”。而按保留了入声的南方语音来读，这两个字都是入声。

③潆洄：水流回旋。

④发吾覆：揭除蔽障。见《庄子·田子方》："微夫子之发吾覆也，吾不知天地之大全也。"

【译文】

陈平被封为曲逆侯，"曲逆"，《史记》《汉书》都注释说"读作去遇"。我认为这是北方人的当地口音。假如像南方人平、上、去、入四种音调都能读出来，似乎应当读成它本来的音调才对（北方人把唱曲的"曲"字，也读成"去"字）。

【原评译文】

孙松坪说：曲逆是现在的完县。那里的各条水流都至此回旋，地势曲折而河水逆流。我曾经为当地考订过具体所在。张先生这条重蹈我的旧辙了。

## 第一九一则

【原文】

古人四声俱备，如"六"、"国"二字皆入声也。今梨园演苏秦剧①，必读"六"为"溜"，读"国"为"鬼"，从无读入声者。然考之《诗经》，如"良马六之"②、"无衣六兮"之类，皆不与去声叶③，而叶祝、告、燠；"国"字皆不与上声叶，而叶入陌、质韵④。则是古人似亦有入声，未必尽读"六"为"溜"、读"国"为"鬼"也。

【原评】

弟木山曰：梨园演苏秦，原不尽读"六国"为"溜鬼"。大抵以曲调为别。若曲是南调，则仍读入声也。

【注释】

①苏秦（前？—前 317 年）：战国时东周洛阳人，字季子。师鬼谷子，习

纵横家言，游说齐、楚、燕、韩、赵、魏六国合纵抗秦，他本人为纵约长，佩六国相印。古代有许多搬演苏秦故事的戏剧，苏秦剧指的就是这些，比如元杂剧《冻苏秦衣锦还乡》、明传奇《金印记》、《合纵记》等。

②良马六之：出自《诗经·鄘风·干旄》："孑孑干旄，在浚之城。素丝祝之，良马六之。彼姝者子，何以告之?""六"在这里与"祝"和"告"押韵。无衣六兮：出自《诗经·唐风·无衣》："岂曰无衣六兮？不如子之衣，安且燠兮!"这里的"六"和"燠"押韵。

③叶(xié)：同"协"，叶韵，押韵。

④陌：指平水韵的入声十一陌部。质：指入声中的四质部。

【译文】

古人平、上、去、入四声都具备，像"六"、"国"这两个字都是入声。现在戏班演跟苏秦有关的戏，一定把"六"读成"溜"，把"国"读成"鬼"，从来没有读成入声的。然而从《诗经》中考证这两个字，如"良马六之"、"无衣六

兮”等句子，都不与去声押韵，而是和“祝”、“告”、“燠”押韵；“国”字都不与上声押韵，而是押入“陌”、“质”韵部。这说明古时候的人似乎也有入声，不一定都把“六”读成“溜”，把“国”读成“鬼”。

【原评译文】

弟木山说：戏班演苏秦的戏，原本没有把“六国”都读成“溜鬼”。大概是以曲调来分别的。假如曲子是南方的调，那么就仍然读作入声。

## 第一九二则

【原文】

闲人之砚，固欲其佳，而忙人之砚，尤不可不佳；娱情之妾①，固欲其美，而广嗣之妾②，亦不可不美。

【原评】

江含徵曰：砚美下墨，可也；妾美招妒，奈何？

张竹坡曰：妒在妾，不在美。

【注释】

①娱情：调笑欢娱。

②广嗣：指多生育子嗣。《汉书·杜钦传》：“礼，壹娶九女，所以极阳数，广嗣重祖也。”

【译文】

悠闲之人的砚台固然要精美，而忙碌之人的砚台更是不能不精美；娱悦性情的妾固然要漂亮，而多生子嗣、传宗接代的妾也不能不漂亮。

【原评译文】

江含徵曰：砚台精美宜于使用，是可以的；侍妾美貌会招致妒忌，该怎么办呢？

张竹坡曰：被妒忌是因为侍妾的身份，而不是因为容貌美丽。

## 第一九三则

【原文】

如何是独乐乐？曰鼓琴；如何是与人乐乐？曰弈棋；如何是与众乐乐？曰马吊[1]。

【原评】

蔡铉升曰[2]：独乐乐，与人乐乐，孰乐？曰“不若与人”；与少乐乐，与众乐乐，孰乐？曰“不若与少”。

王丹麓曰：我与蔡君异，独畏人为鬼阵[3]，见则必乱其局而后已。

【注释】

①马吊：明代中后期开始盛行的一种纸牌游戏，玩法类似于今天的麻将。因为是合四十叶纸牌而成，故又称“叶子戏”。纸牌分十字、万字、索子、文钱四门，前两门画《水浒》人像，后两门画线索图形。四人同玩，每人八叶，剩下的放置在中间，出牌的时候以大打小。明代潘之恒有《叶子谱》、冯梦龙有《马吊牌经》。清代顾炎武在《日知录·赌博》中也有关于马吊的记载：“万历之末，太平无事，士大夫无所用心，间有相从赌博者。至天启中，始行马吊之戏，而今之朝士，若江南、山东，几于无人不为此。”

②蔡铉升：蔡望，字铉升，号甘泉，江苏上元人。康熙三十九（1700）年进士，官咸宁知府。有《香草堂集》。

③鬼阵：旧时围棋的别称。宋代无名氏的《采兰杂志》中有：“吴耽不好棋，见人着，曰：‘汝非死将军，奈何辄以鬼阵相攻？’后人因名棋曰‘鬼

阵’。”

【译文】

什么是独自一人玩乐的快乐呢？是弹琴；什么是两个人玩乐的快乐呢？是下棋；什么是同众人玩乐的快乐呢？打马吊。

【原评译文】

蔡铉升说：一个人玩乐的快乐和两个人玩乐的快乐，哪个更快乐？回答说：两个人玩乐的快乐。和少数人玩乐的快乐，和多数人玩乐的快乐，哪一种快乐？回答说：和少数人玩乐的快乐。

王丹麓说：我和蔡先生不同，我只怕别人下棋，见到就一定要扰乱棋局才罢休。

## 第一九四则

【原文】

不待教而为善为恶者，胎生也①；必待教而后为善为恶者，卵生也②；偶因一事之感触而突然为善为恶者，湿生也③（如周处、戴渊之改过④，李怀光反叛之类⑤）；前后判若两截，究非一日之故者，化生也⑥（如唐玄宗、卫武公之类⑦）。

【注释】

①胎生：出生方式之一，即由母胎而生，指的是像人类在母胎之内完成身体发育，然后出生的方式。佛教将众生分为胎生、卵生、湿生和化生四大类。《法苑珠林》：“故有四生，依壳而生曰卵，含藏而出曰胎，假润而兴曰湿，欻然而现曰化。”此处是以四生来比喻不同类型的人。

②卵生：指动物由脱离母体的卵孵化出来。鸟类、鱼类等都属于卵生。

③湿生：指动物借助湿润之气变形而出生，如蚕、虱之类。此处是指人因某事或情境所触动而发生变化，由恶转善或从善变恶。

④周处（？—299 年）：字子隐，东吴吴晋阳羡人，鄱阳太守周鲂之子。《晋书·周处传》《世说新语·自新》里记载了他改过自新的事迹。周处年少时膂力过人，凶强任侠，为乡里所患，人们把他和南山白额虎、水中蛟龙并称为“三害”，周处被认为是其中为害最大的，后来他在陆云的劝诫下改过自新，立志向学。吴亡后，周处仕晋，刚正不阿，得罪权贵，被派往西北讨伐氐羌叛变，力战而死。后被追赠“平西将军”。他著有《默语》和《风土记》，还曾撰写吴国历史。戴渊：字若思，广陵人。东晋时官至征西将军，王敦之乱时因遭其忌惮而被害。王敦之乱平定后，戴渊被追赠右光禄大夫、仪同三司。谥曰简侯。据《世说新语·自新》记载，戴渊年轻的时候好游侠，不注重品行。常在长江、淮河一带打劫商旅辎重。一次恰好遇到前往洛阳的陆机，戴渊见陆机船装甚盛，便与同党趁机劫掠。陆机见戴渊在岸上指挥得头头是道，认为他才能非凡，于是在船屋上向戴渊高呼：“卿才如此，乃复作劫耶？”戴渊听了他的话有所感悟，泪流满面，于是便扔掉剑投靠了陆机。陆机亦十分欣赏戴渊，不仅和他结交，而且还举荐他做官。

⑤李怀光（729—785 年）：唐朝将领，渤海靺鞨人，本姓茹，其先徙幽州，以战功赐姓李氏。历任检校刑部尚书，宁、庆、邠宁节度使、朔方节度使，管辖灵州。建中四年（783），泾原兵变，唐德宗出逃奉天。随后，朱泚自称大秦皇帝，进攻奉天。唐德宗向魏县行营的唐军告急。怀光和神策军统帅李晟率领兵马前来支援。李怀光因为功高遭卢杞所忌，不让入朝。

为了表示对他的信任，德宗加封李怀光为太尉，并赐铁券。结果，李怀光却将铁券扔在地上说："圣人疑怀光邪？人臣反，赐铁券，怀光不反，今赐铁券，是使之反也！"于是领兵反叛，最后被部将杀死。《新唐书》把他列入"叛臣传"。

⑥化生：本来指无所依托，借业力而忽然出现者，如诸天神、饿鬼及地狱中的受苦者。此处是指人自己发生变化，前后表现截然不同，判若两人。

⑦唐玄宗（685—762 年）：李隆基，又称唐明皇。玄宗在位四十多年，即位之初任用姚崇、宋璟为相，励精图治，国势稳定富强，开创了"开元之治"的盛世局面。后来由于信任李林甫、杨国忠，重用安禄山等人，纵情享乐，怠于政事，最终招致了长达八年的安史之乱，使得唐朝由盛转衰。卫武公：春秋时卫国君主，名姬和，据说他是杀死哥哥共伯而自立为君的，可谓凶毒，但他勤于为政，在卫侯位五十五年，施行良政，使得人民安居乐业。武公四十二年（前 771），犬戎杀周幽王，他协助周平王平犬戎有功，因此被周平王命为公。

【译文】

不需要受教导就做好事或做坏事的，属于胎生；一定要接受教导然后才做好事或做坏事的，属于卵生；偶然因为一件事的触动而忽然做好事或坏事的，属于湿气而生（像周处、戴渊的改过自新，李怀光造反叛乱之类）；前后判若两人，推究起来又并非因为短期原因的，属于化生（比如唐玄宗、卫武公这一类）。

# 第一九五则

【原文】

凡物皆以形用[①]，其以神用者[②]，则镜也，符印也[③]，日晷也[④]，指南针也。

【原评】

袁中江曰：凡人皆以形用，其以神用者，圣贤也、仙也、佛也。

黄虞外士曰[⑤]：凡物之用皆形，而其所以然者，神也。镜凸凹而易其肥瘦，符印以专一而主其神机，日晷以恰当而定准则，指南以灵动而活其针缝[⑥]。是皆神而明之，存乎人矣。

【注释】

①以形用：以自己的外形式样而被使用。

②以神用：以自己的内在实质而被使用。

③符印：符节印信等作为凭证使用的物品的统称。《新唐书·百官志一》："礼部郎中、员外郎，掌礼乐、学校、衣冠、符印、表疏、图书、册命、祥瑞、铺设，及百官、宫人丧葬赠赙之数，为尚书侍郎之贰。"

④日晷（guǐ）：古代测日影以定时刻的仪器，由晷盘和晷针组成。

⑤黄虞外士：不详。

⑥活其针缝：不将指针固定住。

【译文】

一般的器物都是因为外形式样而被使用，凭借自己的内在实质被使用的，便是镜子、符节印信、日晷、指南针。

【原评译文】

袁中江说：普通人都是因外形而被使用的，凭借实质精神而使用的，是圣贤之人、神仙、佛。

黄虞外士说：所有物品被使用都是因为其外在形式，然而之所以这样，是因为它的内在实质。镜子的凹与凸会改变影像的胖瘦，符节印信是因为专一而有其奇异禀赋，日晷因为要恰当其时而确定了它的运行准则，指南针是因为它的灵活而不将其指针固定住。这些事物的奥秘要真正明白，就在于各人的领会了。

## 第一九六则

【原文】

才子遇才子，每有怜才之心；美人遇美人，必无惜美之意。我愿来世托生为绝代佳人，一反其局而后快。

【原评】

陈鹤山曰：谚云[①]："鲍老当筵笑郭郎[②]，笑他舞袖太郎当[③]。若教鲍老当筵舞，转更郎当舞袖长。"则为之奈何？

郑藩修曰：俟心斋来世为佳人时再议。

余湘客曰：古亦有"我见犹怜"者[④]。

倪永清曰：再来时不可忘却。

【注释】

①谚云：据宋陈师道《后山诗话》，这四句是宋代诗人杨亿的《傀儡诗》，"语俚而意切，相传以为笑。"

②鲍老：宋代戏剧中的角色，又称"抱锣"，是一个逗人笑乐的角色。郭

郎：戏剧中的丑角，又称郭秃，是个秃头木偶。

③郎当：衣服宽大不合身的样子。

④我见犹怜：我见了她尚且觉得可爱。形容女子容貌美丽动人。犹，尚且。怜，爱。

【译文】

才子遇到才子，常有相互欣赏的心思；美人遇到美人，就绝没有相互怜惜的情意。我愿意来世投胎变成绝代佳人，一改美人间的这种情形而后快。

【原评译文】

陈鹤山说：谚语说："鲍老在筵席上笑话郭郎，嘲笑他的舞袖太过宽大不合体。若是让鲍老在筵席上起舞，那么他的舞袖反而比郭郎的更为宽大不合体。"那又怎么办呢？

郑藩修说：等到张先生来世变成美人时再讨论吧。

余湘客说：古时候也有"我见犹怜"的故事。

倪永清说：张先生再转世的时候不要忘记了。

## 第一九七则

【原文】

予尝欲建一无遮大会[①]，一祭历代才子，一祭历代佳人。俟遇有真正高僧，即当为之。

【原评】

顾天石曰：君若果有此盛举，请迟至二三十年之后，则我亦可以拜领盛情也。

释中洲曰：我是真正高僧，请即为之，何如？不然，则此二种沉魂滞魄[②]，何日而得解脱耶？

江含徵曰：折柬虽具[③]，而未有定期，则才子佳人亦复怨声载道。又曰：我恐非才子而冒为才子，非佳人而冒为佳人，虽有十万八千母陀罗臂[④]，亦不能具香厨[⑤]法膳也。心斋以为然否？

释远峰曰[⑥]：中洲和尚，不得夺我施主。

【注释】

①无遮大会：佛教举行的一种以布施为主要内容的法会，每五年一次。无遮，指宽容一切，解脱诸恶，不分贵贱、僧俗、智愚、善恶，一律平等看待，也称般遮大会、无遮会或无碍会。《梁书·武帝纪下》："（中大通元年九月）癸巳，舆驾幸同泰寺，设四部无遮大会，因舍身。公卿以下，以钱一亿万奉赎。"

②沉魂滞魄：指游荡而无所依归的魂魄。

③折柬：也作折简。写信，这里意犹下了请帖。

④母陀罗：佛教用语，意为印契，即以手结成的各种印形。《楞严经》卷六："故我能现众多妙容，能

说无边秘密神咒，其中或现一首三首……乃至一百八臂，千臂万臂，八万四千母陀罗臂。”

⑤香厨：即“香积厨”，指僧家的厨房。

⑥释远峰：行溗，字法音，号远峰，兴化（今属江苏）人，本姓彭。

【译文】

我曾经打算举办一场以布施为中心的法会，一来祭奠历代才子，一来祭奠历代佳人。等我遇上真正得道的高僧，就要着手举办了。

【原评译文】

顾天石说：张先生如果真要办这样盛大的仪式，请延迟到二三十年之后再举行，那么我就也能够拜领您的盛情了。

释中洲说：我就是真正的有道高僧，请即刻着手举办，怎么样？不然，这才子佳人沉沦阴间的魂魄，什么时候才能够得到解脱呢？

江含徵说：请客的书柬虽然已经备下，然而却没有确定的日期，那么那些才子佳人们也会心怀不满。又说：我只怕到时候不是才子的人却冒充才子，不是佳人却冒充佳人前来，即使是有十万八千的母陀罗臂，也不能备足够的僧厨法膳。张先生认为是这样吗？

释远峰说：中洲和尚不要抢夺我的施主。

## 第一九八则

【原文】

圣贤者，天地之替身。

【原评】

石天外曰：此语大有功名教[1]，敢不伏地拜倒。

张竹坡曰：圣贤者，乾坤之帮手。

【注释】

①名教：指以正名定分为主旨的封建礼教。晋代袁宏《后汉纪·献帝纪》："夫君臣父子，名教之本也。"

【译文】

圣人和贤人是天和地的化身。

【原评译文】

石天外说：这句话对儒家纲常伦理有很大的功劳，怎么敢不伏到地上行礼。

张竹坡说：圣人和贤士，是天和地的帮手。

## 第一九九则

【原文】

天极不难做，只须生仁人君子有才德者二三十人足矣。君一、相一、冢宰一[①]，及诸路总制、抚军是也[②]。

【原评】

黄九烟曰：吴歌有云："做天切莫做四月天[③]。"可见天亦有难做之时。

江含徵曰：天若好做，又不须女娲氏补之。

尤谨庸曰：天不做天，只是做梦，奈何，奈何！

倪永清曰：天若都生善人，君相皆当袖手，便可无为而治。

陆云士曰：极诞极奇之话，极真极确之话。

【注释】

①冢宰：周代官名，也称"大宰"，为六卿之首，统领百官。后世把掌管

选拔官员事物的吏部尚书称为“冢宰”。《明史·职官志一》：“（吏部）尚书掌天下官吏选授、封勋、考课之政令，以甄别人才，赞天子治。盖古冢宰之职，视五部为特重。”

②路：宋元时的行政区域名称。这里代指省。总制：官名，即总督，明清时的地方最高长官，管理一省或数省。抚军：官名。明清时对巡抚的另一种称呼，巡抚是省级政府的最高长官。

③做天切莫做四月天：民谚，表示左右为难。“做天难做四月天，蚕要温和麦要寒。卖菜哥哥要落雨，采桑娘子要晴干。”

【译文】

上天并不难做，只要降生二三十个好心肠的正派人和有才能品德的人就足够了。一个做国君，一个为丞相，一个为吏部尚书，其余的为各省总督和巡抚。

【原评译文】

黄九烟说：江浙一带的民歌唱道：“做天千万不要做四月的天。”可见上天也有极为难做的时候。

江含徵说：上天要是好做的话，就不需要女娲氏去补它了。

尤谨庸说：上天不做上天应做之事，只是做梦，有什么办法，有什么办法！

倪永清说：上天如果生下的都是善良的人，那君王和宰相就都可以无所事事了，这样就可以达到无所作为而天下得到治理的境界了。

陆云士说：这是极为荒诞、极为奇怪的话，又是极为真实、极为确切的话。

# 第二〇〇则

【原文】

掷升官图[1]，所重在德，所忌在赃；何一登仕版[2]，辄与之相反耶?

【原评】

江含徵曰：所重在德，不过是要赢几文钱耳。

沈契掌曰：仕版原与纸版不同。

【注释】

①升官图：旧时的一种赌博游戏，又称选官图、彩选格、百官铎等。纸上画京外文武大小官位，以骰子掷之。以第一掷为进身之始，其后计点数彩色，以定升降。以四为“德”，以六为“才”，以二、三、五为“功”，以幺为“赃”，遇德则超迁，才次之，功亦升转，遇幺则降罚。

②一登仕版：一旦开始当官。仕版，旧指记载官吏名籍的簿册，亦借指仕途，官场。宋代苏舜钦有《应制科上省使叶道卿书》：“某为性本迂拙，不喜事人事，名虽在仕版，而未尝数当涂之门，窃服于道二十年矣!”

【译文】

投掷升官图时，所注重的是道德，所忌讳的是贪污受贿；为什么一旦开始做官，就跟这些情况相反呢?

【原评译文】

江含徵说：所看重的是道德，不过是为了要赢几文钱罢了。

沈契掌说：记录官员姓名的仕版原本就与玩游戏的纸版不一样。

# 第二〇一则

【原文】

动物中有三教焉[①]：蛟、龙、麟、凤之属，近于儒者也；猿、狐、鹤、鹿之属，近于仙者也[②]；狮子、牯牛之类[③]，近于释者也[④]。植物中有三教焉：竹、梧、兰、蕙之属，近于儒者也；蟠桃、老桂之属，近于仙者也；莲花、薝蔔之属[⑤]，近于释者也。

【原评】

顾天石曰：请高唱《西厢》一句[⑥]，“一个通彻三教九流[⑦]”。

石天外曰：众人碌碌，动物中蜉蝣而已[⑧]；世人峥嵘[⑨]，植物中荆棘而已。

【注释】

①三教：指儒、道、佛三家。

②仙：指道教。道教宣扬修炼升仙。

③牯（gǔ）牛：阉割过的公牛。

④释：指佛教，因佛祖释迦牟尼而来。

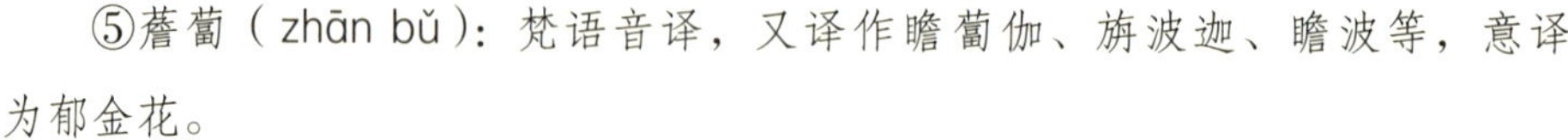

⑤薝蔔（zhān bǔ）：梵语音译，又译作瞻蔔伽、旃波迦、瞻波等，意译为郁金花。

⑥《西厢》：指元代剧作家王实甫的《西厢记》，该杂剧取材于唐代诗人元稹所写的传奇《会真记》（又名《莺莺传》），讲述了张生和崔莺莺的恋爱故事，被称为元杂剧的压卷之作。

⑦一个通彻三教九流：一个通晓宗教和学术上各种流派的人，本指张生学问广博，在这里用来赞美张潮知识丰富。出自《西厢记》第四本第二折："一个通彻三教九流，一个晓尽描鸾刺绣。"

⑧蜉蝣：虫名。幼虫生活在水中，成虫褐绿色，有四翅，生存期极短。比喻微小的、无足轻重的生命。

⑨峥嵘：卓越，不平凡。

【译文】

动物中也有三教：蛟、龙、麒麟、凤凰之类，近于儒教；猿、狐、仙鹤、鹿之类，近于道教；狮子、牯牛之类，近于佛教。植物中也有三教：竹子、梧桐、兰花、蕙草之类，近于儒教；蟠挑、桂树之类，近于道教；莲花、郁金花之类，近于佛教。

【原评译文】

顾天石说：请高声唱《西厢记》中的一句，"一个是通晓各种宗教和学术流派的人"。

石天外说：大部分世人庸俗无为，不过是动物中的蜉蝣罢了；世人中的卓越者，不过是植物中的荆棘罢了。

## 第二〇二则

【原文】

佛氏云"日月在须弥山腰"①，果尔②，则日月必是绕山横行而后可；苟有升有降，必为山巅所碍矣。又云："地上有阿耨达池③，其水四出，流入诸印度。"又云："地轮之下为水轮，水轮之下为风轮，风轮之下为空轮。"余谓此皆喻言人身也：须弥山喻人首，日月喻两目，池水四出喻血脉流通，地轮喻此身，水为便溺，风为泄气[4]，此下则无物矣。

【原评】

释远峰曰：却被此公道破。

毕右万曰：乾坤交后，有三股大气，一呼吸、二盘旋、三升降。呼吸之气，在八卦为震巽，在天地为风雷、为海潮，在人身为鼻息。盘旋之气，在八卦为坎离，在天地为日月，在人身为两目，为指尖、发顶罗纹，在草木为树节、蕉心。升降之气，在八卦为艮兑，在天地为山泽，在人身为髓液便溺，为头颅肚腹，在草木为花叶之萌凋，为树梢之向天、树根之入地。知此，而寓言之出于二氏者，皆可类推而悟。

【注释】

①须弥山：佛教传说中的高山，也译作须弥楼、苏迷庐等，意译妙高、妙光，比喻至大至高。

②果尔：果真是这样。尔：如此。

③阿耨（nòu）达池：湖名，梵语音译，意译为“无热恼”，在今西藏普兰县境内。唐代称为无热恼池，在古印度北，大雪山北香山南，二山之中。唐玄奘《大唐西域记》序中作“阿那婆答多池”。

④泄气：指放屁。

【译文】

佛家说：“太阳和月亮在须弥山的山腰。”果真这样，那么太阳和月亮一定是绕着山水横着运行才可以；如果有升有降，一定会被山顶所阻挡。佛家又说：“地上有阿耨达池，池水向四周蔓延，流入印度各地。”又说：“地轮的下面是水轮，水轮的下面是风轮，风轮的下面是空轮。”我认为这些都是在比喻人的身体：须弥山比喻人的头，日月比喻两只眼睛，池水到处蔓延比喻血脉流动循环，地轮比喻人的身体，水轮比喻屎尿，风轮比喻放屁，再往下就什么东西都没有了。

【原评译文】

释远峰说：这里的隐秘却被张先生说破了。

毕右万说：天地相交之后，有三股大气，一是呼吸之气、二是盘旋之气、

三是上升和下降之气。呼吸之气，在八卦中为震、巽，在天地间就是风雷、是大海的浪潮，在人身体中就是鼻子呼吸时的气息。盘旋之气，在八卦中为坎、离，在天地中就是太阳、月亮，在人身体中就是两个眼睛，是手指尖和头顶的螺旋纹，在植物中就是树木分枝长叶的地方、是芭蕉的茎心。上升和下降之气，在八卦中就是艮、兑，在天地中是山泽，在人身体中为精髓体液屎尿，是头颅和肚腹，在草木之中为花与叶的生发和凋谢，使树梢向天生长、树根向地下延伸。知道了这些，凡是出自佛教和道教中的寓言，都能以此类推而领悟。

## 第二〇三则

【原文】

苏东坡和陶诗尚遗数十首[①]。予尝欲集坡句以补之，苦于韵之弗备而止。如《责子》诗中“不识六与七”“但觅梨与栗”[②]，七字、栗字，皆无其韵也。

【注释】

①和陶诗：苏轼晚年诗歌风格趋于平淡，曾先后追和陶渊明的诗一百多首。和，就是用与原诗同样的韵写诗。

②《责子》诗：陶渊明的诗，诗中用幽默的笔法分别写了五个孩子的情状。其中有这样的句子：“雍端年十三，不识六与七。通子垂九龄，但觅梨与栗。天运苟如此，且进杯中物。”

【译文】

苏东坡和陶渊明的诗还留存了数十首。我曾经想集苏东坡的诗句来补充它，但苦于韵脚不完备而中断了。比如《责子》诗中的“不识六与七”、“但觅梨与栗”，两句中的“七”字和“栗”字，都没有能够与其押韵的。

## 第二〇四则

【原文】

予尝偶得句，亦殊可喜，惜无佳对，遂未成诗。其一为“枯叶带虫飞”，其一为“乡月大于城”，姑存之，以俟异日。

【译文】

我曾经偶然吟得一句诗，也特别高兴，可惜没有好的对句，于是没有写成诗。其中一句是“枯叶带虫飞”，另一句是“乡月大于城”，姑且将它们记下来，等以后有机会再补定吧。

## 第二〇五则

【原文】

“空山无人，水流花开①”二句，极琴心之妙境②；“胜固欣然，败亦可喜③”二句，极手谈之妙境④；“帆随湘转，望衡九面⑤”二句，极泛舟之妙境；“胡然而天，胡然而帝⑥”二句，极美人之妙境。

【注释】

①空山无人，水流花开：出自苏轼的《十八大阿罗汉颂》：“第九尊者，食已襆钵，持数珠，诵咒而坐。下有童子，构火具茶，又有埋筒注水莲池中者。颂曰：饭食已异，襆钵而坐。童子茗供，吹籥发火。我作佛事，渊乎妙

哉。空山无人，水流花开。”

②琴心：修道之心，或者弹琴者悠然之心。

③胜固欣然，败亦可喜：赢了固然很高兴，输了也很喜悦。出自苏轼《观棋》：“小儿近道，剥啄信指。胜固欣然，败亦可喜。优哉游哉，聊复尔耳。”

④手谈：下围棋。《世说新语·巧艺》：“王中郎以围棋是坐隐，支公以围棋为手谈。”

⑤帆随湘转，望衡九面：语出《古诗源》中所收《湘中渔歌》，意思是船顺着湘江蜿蜒而下，能够九次看到衡山。

⑥胡然而天，胡然而帝：语出《诗经·鄘风·君子偕老》：“胡然而天也，胡然而帝也。”形容女子的服饰容貌如同天神一般，后来多用于贬义，形容言行放肆，也作胡天胡地。

【译文】

“空山无人，水流花开”这两句，淋漓尽致地表现了古琴所演奏出的美好境界；“胜固欣然，败亦可喜”这两句，淋漓尽致地写出了下棋所能达到的一种境界；“帆随湘转，望衡九面”这两句，淋漓尽致地表现了水上泛舟、景随船行极其美好的境界；“胡然而天，胡然而帝”这两句，写尽了美人极其美妙的境界。

## 第二〇六则

【原文】

镜与水之影，所受者也气[1]；日与灯之影，所施者也[2]。月之有影，则在天者为受，而在地者为施也。

【原评】

郑破水曰：受、施二字，深得阴阳之理。

庞天池曰：幽梦之影，在心斋为施，在笔奴为受。

【注释】

①受：指物体投影于镜或水中，镜与水只是被动地反射其影。

②施：指太阳光或灯光投射在物体上，使它们产生影子。太阳或灯是主动施行，是发出者。

【译文】

镜子和水中的影子是被动承受而来的；太阳与灯光的影子，是主动施与造成的。月亮的影子，在天上是月亮被动承受而来的，月光照在大地上的影子却是主动施与造成的。

【原评译文】

郑破水说：接受与施与这两个词，深得阴阳学说的义理。

庞天池说：幽梦的影子，对于张先生来说是主动施与，对于没有才华的文人来说则是被动承受。

## 第二〇七则

【原文】

水之为声有四：有瀑布声，有流泉声，有滩声，有沟浍声[①]。风之为声有三：有松涛声，有秋叶声，有波浪声。雨之为声有二：有梧叶、荷叶上声[②]，

有承檐溜竹筒中声[3]。

【原评】

弟木山曰：数声之中，惟水声最为可厌，以其无已时，甚聒人耳也[4]。

【注释】

①沟浍（kuài）：沟渠。浍，田间排水的渠。

②梧叶、荷叶上声：指雨点落在梧桐叶与荷叶上的声音。如白居易《长恨歌》：“春风桃李花开日，秋雨梧桐叶落时。”李商隐《宿骆氏亭寄怀崔雍崔衮》：“秋阴不散霜飞晚，留得枯荷听雨声。”

③承檐：又名承霤、承落，屋檐下用来承接雨水的槽，一般为竹制或木制。

④聒（guō）：声音吵闹，使人厌烦。

【译文】

水产生的声音有四种：瀑布的飞泻声，流泉的潺潺声，滩流的撞击声，沟渠的流泻声。风产生的声音有三种：松涛的起伏声，秋叶的飒飒声，波浪的翻涌声。雨所产生的声音有两种：打在梧桐叶、荷叶上的淅沥声，屋檐下的水落入竹筒中的滴答声。

【原评译文】

弟木山说：这几种声音中，只有水声最令人厌恶，因为它没有停止的时候，听起来非常嘈杂。

# 第二〇八则

【原文】

文人每好鄙薄富人，然于诗文之佳者，又往往以金玉、珠玑、锦绣誉之，则又何也?

【原评】

陈鹤山曰：犹之富贵家张山臞野老落木荒村之画耳[①]。

江含徵曰：富人嫌其悭且俗耳，非嫌其珠玉文绣也。

张竹坡曰：不文，虽富可鄙；能文，虽穷可敬。

陆云士曰：竹坡之言是真公道说话。

李若金曰：富人之可鄙者在吝，或不好史书，或畏交游，或趋炎热而轻忽寒士[②]。若非然者，则富翁大有裨益人处，何可少之?

【注释】

①张：张挂、悬挂。山臞（qú）野老：指村野老人。梁代丘迟《旦发渔浦潭》诗："村童忽相聚，野老时一望。"落木荒村：落叶萧萧、偏僻荒凉的村落。

②趋炎热：比喻趋附权势。轻忽寒士：轻视贫苦的读书人。寒士，贫苦寒微的读书人。

【译文】

会写文章的读书人常爱鄙视富人，然而对于好的诗文又往往用金玉、珠玑、锦绣来赞美它，这又是什么原因呢？

【原评译文】

陈鹤山说：就好像富贵人家悬挂山村野老的山村落叶之画一样。

江含徵说：对于富人只是嫌弃他们吝啬又俗气罢了，并不是讨厌他们的珠玉、锦绣。

张竹坡说：不会写文章，虽然富有也令人鄙视；能够写文章，即使贫穷也值得尊敬。

陆云士说：张先生所说的真是公道话。

李若金说：富人的可鄙之处在于吝啬，或者不爱好读史籍，或者害怕结交朋友，或是巴结有权势的人而轻视贫苦的读书人。假如不是这样的话，那么有钱人对人大有益处，怎么能少得了呢？

## 第二〇九则

【原文】

能闲世人之所忙者，方能忙世人之所闲。

【译文】

能够把世上的人都忙于去做的事闲置下来，才能够去忙世俗人所闲置的事情。

## 第二一〇则

【原文】

先读经，后读史，则论事不谬于圣贤；既读史，复读经，则观书不徒为章句①。

【原评】

黄交三曰：宋儒语录中不可多得之句。

陆云士曰：先儒著书法累牍连章②，不若心斋数言道尽。

王宓草曰：妄论经史者，还宜退而读经。

【注释】

①章句：分析古书的章节句读，是经学家解说经义的一种方式，亦泛指书籍注释。

②累牍连章：形容文章篇幅长，文字多。牍，古代写字用的竹、木简。

【译文】

先读经类的书籍，后读史类的书籍，那么再评论事情时便不会背离圣贤之道；已经阅读了史类的书籍，再去阅读经类的书籍，那么读书就不会仅拘泥于字句的解释。

【原评译文】

黄交三说：这是宋代儒家学者语录中非常难得见到的语句。

陆云士说：前代的儒者用大量的文字和篇幅写读书之法，不如张先生几

句话就说清楚了。

王宓草说：妄加评论经史的人还是应该退一步去读儒家经书。

# 第二一一则

【原文】

居城市中，当以画幅当山水，以盆景当苑囿[①]，以书籍当朋友。

【原评】

周星远曰：究是心斋，偏重独乐乐。

王司直曰：心斋先生置身于画中矣。

【注释】

①苑囿：本指古代圈起来畜养禽兽供帝王玩乐的园林，这里泛指园林。

【译文】

居住在城市中，应当把画幅当作自然中的山水，把盆景当作蓄养禽兽的园林，把书籍当作朋友。

【原评译文】

周星远说：推究原因是张先生偏爱一个人玩乐的乐趣。

王司直说：张先生置身于图画之中了。

# 第二一二则

【原文】

乡居须得良朋始佳，若田夫樵子，仅能辨五谷而测晴雨，久且数未免生厌矣。而友之中又当以能诗为第一，能谈次之，能画次之，能歌又次之，解觞政者又次之①。

【原评】

江含徵曰：说鬼话者又次之②。

殷日戒曰：奔走于富贵之门者，自应以善说鬼话为第一，而诸客次之。

倪永清曰：能诗者必能说鬼话。

陆云士曰：三说递进，愈转愈妙，滑稽之雄③。

【注释】

①觞（shāng）政：在宴会上行酒令，也泛指喝酒。汉代刘向《说苑·善说》中有："魏文侯与大夫饮酒，使公乘不仁为觞政。"觞，古代的一种盛酒的杯子。

②鬼话：这里指讲鬼故事，下文指的是编造不真实的谎话。

③滑稽：能言善辩，言辞流利。后指言语、动作或事态令人发笑。雄：为首者，居前列。

【译文】

在乡村居住必须得有好的朋友才好，如果交往的是农夫和砍柴的人，他们仅仅能够分辨五谷、预测天气是晴还是下雨，时间长了总是这样就难免令人心生厌倦。而朋友之中又以能够写诗的人为第一，善于清谈的人略逊色一些，会画画的人再逊色一些，善于唱歌的人又略差一些，懂得饮酒行令的人

又再差一些。

【原评译文】

江含徵说：说胡话、诳话的人又次之。

殷日戒说：奔波于富贵之家，自然应当以善于编造谎言为第一，而其他各种门客排在后面。

倪永清说：能写诗的人一定能讲虚构的话。

陆云士说：前面三种说法一种比一种递进，越转折越妙，真是能言善辩。

## 第二一三则

【原文】

玉兰，花中之伯夷也（高而且洁）①；葵，花中之伊尹也（倾心向日）②；莲，花中之柳下惠也（污泥不染）③。鹤，鸟中之伯夷也（仙品）；鸡，鸟中之伊尹也（司晨）④；莺，鸟中之柳下惠也（求友）⑤。

【注释】

①高而且洁：高尚纯洁。

②倾心：尽心，全心。这里指向日葵一心朝向太阳。

③柳下惠：即春秋时鲁大夫展禽，因食邑柳下（地名），谥惠，故名柳下惠，是著名的高洁之士，并留下了坐怀不乱的佳话。

④司晨：打鸣报晓，这里比喻早起勤政，忠于职守。

⑤求友：寻求朋友。鸟鸣求友，出自《诗经·小雅·伐木》："伐木丁丁，

鸟鸣嘤嘤。出自幽谷，迁于乔木。嘤其鸣矣，求其友声。”

【译文】

玉兰，是花中的伯夷（清高而纯洁）；葵花，是花中的伊尹（全心全意向着太阳）；莲花，是花中的柳下惠（出淤泥而不染）。仙鹤，是禽鸟中的伯夷（仙风道骨）；鸡，是禽鸟中的伊尹（主管报晓司晨，尽忠职守）；黄莺，是禽鸟中的柳下惠（寻求朋友）。

## 第二一四则

【原文】

无其罪而虚受恶名者，蠹鱼也（蛀书之虫另是一种，其形如蚕蛹而差小）[①]；有其罪而恒逃清议者[②]，蜘蛛也。

【原评】

张竹坡曰：自是老吏断狱。

李若金曰：予尝有除蛛网说，则讨之未尝无人。

【注释】

①差小：较小、略小一些。差，比较，略微。

②恒：经常。清议，公正的舆论。

【译文】

没有这种罪过而枉自承担恶名的是蠹鱼（蛀蚀书籍的是另外一种虫子，它的样子比蚕蛹略微小些）；有某种罪过却总是能逃脱舆论指责的是蜘蛛。

【原评译文】

张竹坡说：这是老练的官吏断案，又快又准。

李若金说：我曾经有清除蜘蛛网的说法，可见并不是没有人对蜘蛛发动攻击。

# 第二一五则

【原文】

臭腐化为神奇，酱也，腐乳也①，金汁也②。至神奇化为臭腐，则是物皆然。

【原评】

袁中江曰：神奇不化臭腐者，黄金也，真诗文也。

王司直曰：曹操、王安石文字，亦是神奇出于臭腐。

【注释】

①腐乳：一种食品，用小块的豆腐做坯，经过发酵、腌制而成。

②金汁：即粪清。明代宋应星的《天工开物·火药料》中记载："毒火以砒、硇砂为君，金汁、银锈、人粪和制。"钟广言注："金汁：即'粪清'，用棉纸过滤后贮藏一年以上的粪汁。"

【译文】

能将腐臭的东西化为神妙奇特的东西是酱、豆腐乳、粪清。至于将神妙奇特的东西化为腐臭，则任何东西都是这样的。

【原评译文】

袁中江说：神妙奇特的东西不能化为腐臭的有黄金、真正好的诗歌和文章。

王司直说：曹操、王安石的文章，也是由臭腐化为神奇而来的。

# 第二一六则

【原文】

黑与白交[1]，黑能污白，白不能掩黑；香与臭混，臭能胜香，香不能敌臭。此君子小人相攻之大势也。

【原评】

弟木山曰：人必喜白而恶黑，黜臭而取香[2]，此又君子必胜小人之理也。理在，又乌论乎势。

石天外曰：余尝言于黑处着一些白，人必惊心骇目，皆知黑处有白；于白处着一些黑，人亦必惊心骇目，以为白处有黑。甚矣，君子之易于形短[3]，小人之易于见长，此不虞之誉、求全之毁由来也。读此慨然[4]。

倪永清曰：当今以臭攻臭者不少。

【注释】

①交：相交，碰在一起。

②黜臭：废弃臭物。

③形短：相较后显现出短处。

④不虞之誉：没有意料到的赞扬。虞，料想。誉，称赞。求全之毁：一心想保全声誉，反而受到毁谤。毁，毁谤。语出《孟子·离娄上》：“有不虞之誉，有求全之毁。”

【译文】

黑色与白色相交接，黑色能玷污白色，白色却不能遮盖黑色；香味与臭味相混合，臭味能够胜过香味，香味却无法敌得过臭味。这就是高尚君子与肮脏小人相互攻击主要的发展趋势。

【原评译文】

弟木山说：人们一定喜欢白的讨厌黑的，摒弃臭味而选取香的，这又是高尚君子必然能战胜肮脏小人的道理。道理在，又何必论发展趋势。

石天外说：我曾经说要是在黑的地方放一点白的，人们看了一定感到震惊，都知道黑的地方有白的；要是在白的地方放一点黑的，人们看了也一定会感到震惊，知道白的地方有黑色。遗憾啊，高尚君子实在是太容易显现出短处，肮脏小人实在是太容易于比较中表现出长处，这就是由于过分追求表扬和一心保全荣誉反遭毁谤所造成的。读到这里令人感叹不已啊。

倪永清说：现如今以臭味攻击臭味的也不少。

## 第二一七则

【原文】

“耻”之一字[①]，所以治君子；“痛”之一字[②]，所以治小人。

【原评】

张竹坡曰：若使君子以耻治小人，则有耻且格[③]；小人以痛报君子，则尽忠报国。

【注释】

①耻：进行道德谴责，使其内心产生羞愧之情。耻，廉耻之心。

②痛：因惩罚而遭受的肉体痛苦。

③有耻且格：指人有知耻之心，则能自我检点而归于正道。出自《论语·为政》：“道之以德，齐之以礼，有耻且格。”格：到来，这里是人心归顺的意思。

【译文】

“耻”这个字，是用来约束君子的；“痛”这个字，是用来制约小人的。

【原评译文】

张竹坡说：假如让君子以耻来制约小人，那么小人就能有知耻之心且能约束自己归于正道；小人用痛这个字来回报君子，君子就能尽忠报效国家。

## 第二一八则

【原文】

镜不能自照，衡不能自权[①]，剑不能自击[②]。

【原评】

倪永清曰：诗不能自传，文不能自誉。

庞天池曰：美不能自见，恶不能自掩。

【注释】

①衡不能自权：秤不能称测自身的重量。衡，秤杆，泛指秤。权，本意是秤锤，这里作动词用，指称测重量。

②击：击刺。

【译文】

镜子不能自己照见自己，秤不能自己称量自己，宝剑不能自己击刺自己。

【原评译文】

倪永清说：诗歌不能自己传诵自己，文章不能自己赞誉自己。

庞天池说：美丽不能自我显现，恶迹不能自己掩盖。

# 第二一九则

【原文】

古人云[①]："诗必穷而后工。"盖穷则语多感慨，易于见长耳。若富贵中人，既不可忧贫叹贱，所谈者不过风云月露而已[②]，诗安得佳？苟思所变，计惟有出游一法。即以所见之山川、风土、物产、人情，或当疮痍兵燹之余[③]，或值旱涝灾祲之后[④]，无一不可寓之诗中。借他人之穷愁，以供我之咏叹，则诗亦不必待穷而后工也。

【原评】

张竹坡曰：所以郑监门《流民图》独步千古[⑤]。

倪永清曰：得意之游，不暇作诗；失意之游，不能作诗。苟能以无意游之，则眼光识力，定是不同。

尤悔庵曰：世之穷者多而工诗者少，诗亦不任受过也。

【注释】

①古人：指北宋文学家欧阳修（1007—1072 年），这句话是在他的《梅圣俞诗集序》中说的："予闻世谓诗人少达而多穷，夫岂然哉！……盖愈穷则愈工。然则非诗之能穷人，殆穷者而后工也。"

②风云月露：指绮丽浮靡，吟风弄月的诗文。隋李谔上书请正文体，批评当时的文章。《隋书·李谔传》："连篇累牍，不出月露之形；积案盈箱，唯是风云之状。"

③疮痍：创伤，比喻遭受灾祸后凋敝的景象。兵燹（xiǎn）：因战乱而造成的焚烧、破坏等灾害。

④灾祲（jìn）：灾异，灾难。祲，不祥之气。

⑤郑监门：郑侠（1041—1119年），北宋诗人，字介夫，号大庆居士、一拂居士，福州福清人。英宗治平四年（1067）进士，早年受王安石器重，但后因不赞同新法，抨击新法的弊端，揭露吕惠卿等人罪状，多次被贬。神宗熙宁六年（1073）至翌年三月，久旱不雨，流民扶携塞道，郑侠绘《流民图》上之，奏请罢新法，次日，新法罢去者十有八事。吕惠卿执政，又上疏论之，谪汀州编管，徙英州。哲宗立，始得归。元符七年（1104），再贬英州。徽宗立，赦还，复故官，旋又为蔡京所夺，遂不复出。有《西塘集》。

【译文】

古人说："写诗只有在诗人穷困潦倒的时候才能写得好。"大概是说诗人在困顿的时候语言大多发自感激与慨叹，容易显现出长处。若是身处富贵的人，就不可能有忧愁贫困的慨叹，所能谈论的不过是风云月露罢了，怎么能写出好诗？假如想要改变这种情况，就只有出游这一个办法。将自己游历时所见到的山川风景、风土人情抒写出来；或者是战争祸患之余的萧条景象，或者正好遇上旱灾水灾等自然灾害，没有一样东西不可以写入诗中。这是借着他人的穷困愁苦，来做自己写诗吟咏的题材，如此一来，写诗也不一定要等到穷困交加才能写得好了。

【原评译文】

张竹坡说：正因为这样，郑监门所作的《流民图》才能够独一无二地流传千百年。

倪永清说：志得意满时的游玩没有空闲作诗；失意落魄时的游玩不能够作诗。假如能不带得意与失意之心去游玩，那么眼光和见识定然会不一样。

尤悔庵说：世上的贫穷之人很多，但擅长写诗的人却很少，诗也不愿接受这种结论啊。

# 跋一

昔人云："梅花之影，妙于梅花。"窃意影子何能妙于花？惟花妙，则影亦妙。枝干扶疏[①]，自尔天然生动。凡一切文字语言，总是才子影子。人妙，则影自妙。此册一行一句，非名言即韵语[②]，皆从胸次体验而出，故能发警省。片玉碎金[③]，俱可宝贵。幽人梦境，读者勿作影响观可矣[④]。

南村张惣识[⑤]

【注释】

①扶疏：枝叶繁茂的样子。

②韵语：诗词。

③片玉碎金：比喻文章简短而精美。体验：指通过亲身实践所获得的经验。

④作影响观：指当成无足轻重的影子、声响看待，形容不重视。

⑤张惣（zǒng）：即张南村。

【译文】

从前有人说："梅花的影子，比梅花美妙。"我私下认为影子怎么会比花还美妙呢？只有花美妙，那么影子才会美妙。梅花枝干错落有致，自然天成生机勃勃。所有的文章诗句，都是才子的影子。人高妙，那么影子自然高妙。这本书的每一行字每一句话，不是名言就是诗一样的语句，都是从作者心中总结和体验出来的，所以能够令人警觉醒悟。每一则简短但精美的文章，都是很宝贵的话语。仿佛置身于虚构的美妙境界，读者一定不能够不重视。

南村张惣识

# 跋二

抱异疾者多奇梦，梦所未到之境，梦所未见之事。以心为君主之官，邪干之[①]，故如此；此则病也，非梦也。至若梦木撑天[②]，梦河无水，则休咎应之[③]；梦牛尾，梦蕉鹿[④]，则得失应之；此则梦也，非病也。

心斋之《幽梦影》，非病也，非梦也，影也。影者惟何？石火之一敲、电光之一瞥也[⑤]，东坡所谓“一掉头时生老病，一弹指顷去来今”也。昔人云“芥子具须弥[⑥]”，心斋则于倏忽备古今也。此因其心闲手闲，故弄墨如此之闲适也。心斋岂长于勘梦者也！然而未可向痴人说也。

寓东淘江之兰跋[⑦]

**【注释】**

①邪：中医术语，指引起疾病的环境因素。干：触犯，冒犯。

②梦木撑天：晋代王敦谋反，曾梦见一木撑天，请许真君解梦，许言“一木撑天为未，不可妄动”。

③休咎：吉与凶，善与恶。休，吉庆，美善。咎，灾祸。

④梦蕉鹿：蕉鹿指蕉叶覆盖下的鹿。梦见蕉鹿则表示有所失。见《列子·周穆王》：“郑人有薪于野者，遇骇鹿，御而击之，毙之。恐人见之也，遽而藏诸隍中，覆之以蕉，不胜其喜。俄而遗其所藏之处，遂以为梦焉。”

⑤石火、电光：闪电的光，燧石的火，比喻事物的短暂易逝。

⑥芥子具须弥：偌大一个须弥山塞进一粒小小的菜籽之中刚刚合适。形容佛法无边，神通广大。也形容诗文波诡变幻，才思出众。《维摩经·不思议品》：“若菩萨住是解脱者，以须弥之高广，内芥子中，无所增减。”

⑦江之兰：即江含徵。

【译文】

患有怪病的人常常会有奇异的梦境，梦到从来没有去过的地方，梦见从来没有见过的事情。这是因为心是人体最重要的器官，有邪气侵犯，所以才会这样；这是病，并不是梦。至于梦到树木支撑天空，河中没有水，那么吉凶与此相对应；梦见牛尾，梦见芭蕉叶覆盖下的鹿，则得失与此相对应；这些都是梦，不是病。

张先生写的《幽梦影》，既不是病也不是梦，而是影。什么是影呢？是石头撞击时火花的一闪，是闪电光影转瞬即逝间的一瞥，正如苏东坡所说的“一转头的时间里生老病死，一刹那的时间中蕴藏过去、现在、将来”。从前有人说“小小一粒芥菜籽中藏着偌大须弥山”，张先生的文章则是瞬间备具过去和现在。这是因为他的身体和心境都很闲适，所以写的文章才能如此悠闲适意。张先生怎么会是擅长勘察梦境的人！然而这是不可以向无知的人说的。

寓东淘江之兰跋

## 跋三

昔人著书，间附评语。若以评语参错书中，则《幽梦影》创格也[①]。清言隽旨，前於后喁[②]，令读者如入真长座中[③]，与诸客周旋，聆其謦欬[④]，不禁色舞眉飞，洵翰墨中奇观也。书名曰“梦”、曰“影”，盖取“六如”之义[⑤]。饶广长舌，散天女花[⑥]，心灯意蕊[⑦]，一印印空，可以悟矣！

乙未夏日震泽杨复吉识[⑧]

【注释】

①创格：新的风格或法式。

②前於后喁：於、喁，相和之声，语出《庄子·齐物论》：“前者唱於，而随着唱喁。”

③真长：刘惔，东晋沛国相人，字真长。明帝婿。少有名，擅长清谈，

历司徒左长史、侍中、丹阳尹。性简贵，好老庄，放任自适，有知人之明。年三十六卒，孙绰诔云“居官无官官之事，处事无事事之心”，时人以为名言。

④馨欬：指言语隽永可赏，如散布很远的香气。欬，同“咳”。

⑤六如：也称六喻。佛教以梦、幻、泡、影、露、电，喻世事之空幻无常，语出《金刚经》：“一切有为法，如梦幻泡影，如露亦如电，应作如是观。”

⑥散天女花：佛教故事，天女散花以试菩萨和声闻弟子的道行，花至菩萨身上即落去，至弟子身上便不落。出自《维摩经·观众生品》：“时维摩诘室有一天女，见诸大人闻所说法，便现其身，即以天华散诸菩萨、大弟子上，华至诸菩萨即皆堕落，至大弟子便著不堕。一切弟子神力去华，不能令去。”此处比喻言辞便给。

⑦心灯：佛教语，比喻心灵，意即神思明亮如灯。意蕊：指心意，比喻其纠结如花蕊。出自南朝梁简文帝《与广信侯书》：“岂止心灯夜炳，亦乃意蕊晨飞。”

⑧乙未：指乾隆四十年（1775）。杨复吉（1747—1820年）：字列侯，一字列瓯，号慧楼、乡月楼、梦阑等，清代江苏震泽人。乾隆三十七年（1772）进士。曾从王鸣盛学，有文名。家有藏书楼名香月楼，藏书甚富，每日著述读书其中，辑有《辽史拾遗补》《元文选》《昭代丛书续集》《虞初余志》等。著有《梦兰琐笔》《慧楼诗文集》等。

【译文】

从前的文人著书，常常会附有评语。像这样将评语参差错落地夹杂在书中，则是《幽梦影》首创的风格。清雅隽永的言辞，前后相呼应，使读者感到仿佛加入到了刘真长的座次中，与在座的人交往应酬，亲耳聆听隽永的言语，不禁眉飞色舞，的确是文学作品中的奇观。书名中的“梦”、“影”，大概是取佛教中的六喻之义。书中现饶广长舌相，分散天女之花，神思明亮如灯，心思纠结如花蕊，印证空无，可以从中有所领悟了。

乙未夏日震泽杨复吉识

# 参考文献

[1]（清）张潮. 幽梦影（精装插图本）[M]. 北京：中国画报出版社，2012.

[2]（清）张潮，王峰. 幽梦影[M]. 北京：中华书局，2008.

[3] 王春红. 幽梦影[M]. 北京：企业管理出版社，2012.

[4]（清）张潮，尤君若. 幽梦影[M]. 北京：中华书局，2014.

[5]（清）张潮，孙宝瑞. 国学经典丛书：幽梦影[M]. 郑州：中州古籍出版社，2008.

[6]（清）张潮. 幽梦影——中华经典随笔[M]. 北京：中华书局，2014.